闪光的足迹 温暖的传递

——记天津大学热动学科70周年

梁兴雨　主　编
高文志　赵　军　副主编

天津大学出版社
TIANJIN UNIVERSITY PRESS

图书在版编目（CIP）数据

闪光的足迹，温暖的传递 : 记天津大学热动学科 70 周年 / 梁兴雨主编；高文志，赵军副主编 . -- 天津 : 天津大学出版社，2023.8
ISBN 978-7-5618-7556-8

Ⅰ . ①闪… Ⅱ . ①梁… ②高… ③赵… Ⅲ . ①工程热物理学－学科发展－研究－天津 Ⅳ . ① TK121

中国国家版本馆 CIP 数据核字（2023）第 140271 号

策划编辑 李 源
责任编辑 郝永丽
装帧设计 谷英卉

SHANGUANG DE ZUJI WENNUAN DE CHUANDI:
JI TIANJIN DAXUE REDONG XUEKE 70 ZHOUNIAN

出版发行 天津大学出版社
地　　址 天津市卫津路 92 号天津大学内（邮编：300072）
电　　话 022-27403647
网　　址 publish.tju.edu.cn
印　　刷 北京盛通印刷股份有限公司
经　　销 全国各地新华书店
开　　本 889mm×1194mm 1/16
印　　张 18.75
字　　数 520 千
版　　次 2023 年 8 月第 1 版
印　　次 2023 年 8 月第 1 次
定　　价 188.00 元

编　委　会

闪光的足迹

温暖的传递

目录

序　言

天津大学内燃机和工程热物理专业（现为能源与动力工程专业，简称“能动专业”）与动力工程及工程热物理学科（简称“热动学科”），已走过70余年的光辉历程！从内燃机专业的初创到天津内燃机研究所的建立，从动力机械工程系的组建到国家重点实验室的运行，从能源与动力工程国家一流专业到动力工程及工程热物理国家一流学科，教学和科研这两股能量，始终推动着天津大学热动学科的发展。

天津大学热动学科迅猛发展的70余年，是动力迸发的岁月与年华！从小型内燃机到柴油机复合式燃烧系统，从太阳能利用到地热研究与培训中心成立，从攀登计划到973计划，从科学研究与企业实践密切结合到产业技术创新战略联盟和协同创新中心的建立，天津大学热动学科为我国内燃机工业和可再生能源产业的蓬勃发展与创新做出了重大贡献。

人们常常把教师比喻成一支燃烧着的蜡烛，他们燃烧了自己却照亮了学生！以中国科学院院士史绍熙教授为代表的老一代天大（天津大学的简称）人，创建了天大内燃机专业和教研室；他们薪火相传，一代代天大教师敬业爱生，孜孜不倦地培育人才，正是他们燃烧了自己，才照亮了数以千计的天大内燃机和工程热物理专业历届毕业生，这些毕业生又在各自的岗位上，燃烧着自己，为民族复兴、国家富强和社会进步而发出他们的光和热。

历史沿革

潘承孝教授

天津大学热动学科的创立与发展要追溯到20世纪30年代，其源于北洋大学机械系。中国内燃机和汽车工程教育奠基人潘承孝教授就在北洋大学机械系主讲内燃机学、汽车学、汽轮机学等课程，北洋大学是我国最早开设这些课程的大学之一。随着办学条件的不断改善和师资力量的逐步充实，教学体系日臻完善，1935年机械系规范设置的专业课程，涉及专业面较广，其中就包括与内燃机有关的内燃机学和热机实验等课程，内燃机实验设备也有所增加。

天津大学内燃机专业的前身为北洋大学机械系动力组。1952年全国高校院系调整，南开大学、津沽大学的机械系并入天津大学机械系。在中央提出的全面地、系统地学习苏联方针的指引下，按照教育部的指示，以苏联高等学校的专业设置、教学计划、教学大纲为依据，天津大学开始划分专业，并着手编制有关专业的教学计划和教学大纲。天津大学机械系首先将三校机械系合并时的三年级学生分为机械制造组和内燃机组，并将一、二年级的学生划入机械制造工艺及设备专业和内燃机专业，从此天津大学内燃机专业正式诞生，天津大学内燃机专业是全国最早创办的内燃机专业之一。在完成专业设置的同时，史绍熙教授牵头组建了内燃机教研室。1953年，范正钊教授等又组建了热工教研室，为学校各个专业讲授热工方面的课程。

1958年，原机械工程系分为三个机械系：第一机械系，包括机械制造专业和机械制造、刀具、机床、金属工学、机械制图五个教研室及附属实习工厂，彭泽民任主任；第二机械系，包括精密机械仪器、焊接两个专业和精密仪器、焊接、机械原理、机械零件四个教研室，项任澜任主任；第三机械系，包括内燃机专业和内燃机、热工两个教研室，史绍熙任主任。1959年系科调整时，三个机械系相应改为机械制造工程系、精密仪器工程系、动力机械工程系。内燃机专业以及内燃机、热工两个教研室隶属动力机械工程系。

1962年，动力机械工程系与电机工程系合并，成立电机与动力工程系（简称“动力系”），史绍熙任系主任。

1972年，电机与动力工程系拆分，内燃机专业及内燃机、热工教研室重回机械工程系，史绍熙任系主任。

1979年，成立热物理工程系（1984年改为热能工程系），史绍熙任系主任，并准备建立工程热物理专业。1981年，工程热物理专业开始招收本科生。

1983年，教育部批准成立热能研究所，所内设有内燃机燃烧学研究室、激光诊断研究室、地热研究室、太阳能运用研究室等，以满足对内开展科研工作、对外开展交流工作的需要。

1985年，国家科委批准成立天津大学地热研究与培训中心。

1986年，内燃机燃烧学国家重点实验室获得国家计委批准建设，1989年建成，成为我国内燃机领域唯一的学科类国家重点实验室。

1997年，天津大学实行学院制，热能工程系的内燃机教研室扩建，成立汽车工程系，并与机械工程系、力学系以及内燃机燃烧学国家重点实验室联合组建机械工程学院，而热能工程系的热能教研室和地热研究与培训中心则与电力及自动化工程系联合组建了电气自动化与能源工程学院。

2002年，热能工程系与地热研究与培训中心并入机械工程学院，与汽车工程系合并成立热能与动力工程系，2012年更名为能源与动力工程系。

2023年，原内燃机燃烧学国家重点实验室通过战略重组，更名为先进内燃动力全国重点实验室。

研究生教育经历了从学习苏联到中国化探索再到不断扩大规模、提高质量的内涵式发展过程，这个过程大体可分为两个重要的阶段：一个是1949—1978年，另一个则是1978年恢复研究生教育至今。

中华人民共和国成立后，教育部开始陆续采取各种实际行动，由表及里、由浅入深地学习苏联高等教育模式。1956年，史绍熙教授入选我国第一批研究生导师，并招收了第一名副博士研究生黄宜谅，在史绍熙教授指导下，他从事国外新兴的自由活塞式发动机研究，完成学位论文并研制成功我国第一台自由活塞式发动机一压气机联合装置，之后史绍熙教授陆续招收了10余名研究生。

在1978年全国科技大会召开前后，史绍熙教授与京津地区的几位学部委员，经过多次研究讨论，确定了动力工程及工程热物理学科的研究生培养格局。1981年，动力机械及工程博士点获批，工程热物理硕士点获批；1984年，热能工程和工程热物理博士点获批；1986年，制冷与低温工程硕士点获批；2000年，国务院学位委员会批准第八批博士和硕士学位授予单位及博士点，天津大学动力工程及工程热物理一级学科获得博士授予权。

在三次重点学科评选中，1987年，内燃机专业被评为全国重点学科；2002年和2007年，动力机械及工程专业两次被评为全国二级重点学科。为促进研究生教育质量提升，自2004年开始，教育部开始进行学科评估，2005年，天津大学热动学科位列全国第十，2009年，上升至第五，2013年，位列全国第六，在2017年第四轮学科评估中结果为A-（全国排名并列第五）。2022年，动力工程及工程热物理学科入选教育部第二批一流学科建设名单。

在本科专业建设方面，始终坚持“严谨治学，严格教学要求”的治学方针，树立了“育人为本”“教学优先”“质量第一”的教育理念，坚持对本科生实施综合培养，形成了系统的教学制度、教学内容和教学方法。人才培养计划和教学内容体现在“调整人才知识、能力和素质结构，拓宽基础、整合课程，构建新的专业平台，柔性设置专业方向，不断深化人才培养模式改革”上。在指导思想上体现“三个适应”：适应当前科学技术发展中“学科突出集成”和“学科相互渗透”的大趋势；适应当前信息科学和技术发展中的“技术机制演变加快”和“技术生命周期变短”的特点；适应国家经济体制转型而引起的“人才流动加速”和“专业方向变化快”等新的趋势。把培养方向由“面向行业”拓宽为“面向学科”，由“面向现状”拓宽为“面向发展”，由“面向狭窄性专业”拓宽为“面向学科性大类”，由培养“专门人才”拓宽为培养“专业大类人才”。这种拓宽培养“面向”的具体化，体现为培养内容的宽口径化、前瞻性和泛专业化。在课程体系上体现“三个倾斜”：在课程总体安排上，向专业大类的基础和技术基础课程倾斜；在技术基础课程体系上，向学科平台课程倾斜；在专业课程内容上，向“前沿性”“少学时”“粗讲（课堂）细作（实践）”倾斜。

2010年，热能与动力工程专业获批全国高等学校特色专业建设点，在教育部启动的卓越工程师培养计划中，成为天津大学的四个重点培育专业之一。2019年，能源与动力工程专业入选全国首批一流专业建设名单。

70余年来，能源与动力工程专业已培养本科生4 800余名，硕士研究生3 000余名，博士研究生700余名，博士后200余名。毕业生秉承天津大学“实事求是”的校训，在各自的工作岗位上踏实工作，真诚奉献，为祖国的社会主义现代化建设做出了巨大的贡献。

70周年大事记

1952年

全国高校院系调整，南开大学、津沽大学的机械系并入天津大学机械系。在中央提出的全面地、系统地学习苏联方针的指引下，按照教育部的指示，以苏联高等学校的专业设置、教学计划、教学大纲为依据，天津大学开始划分专业，并着手编制有关专业的教学计划和教学大纲。天津大学机械系首先将三校机械系合并时的三年级学生分为机械制造组和内燃机组，并将一、二年级的学生划入机械制造工艺及设备专业和内燃机专业。

内燃机专业在校生由1953、1955届学生（即在天津大学、南开大学、津沽大学三校并入机械系的学生中抽调部分学生学习内燃机专业）和刚刚入学的1956届新生组成。

内燃机教研室由史绍熙教授任主任，成员有刘友钧副教授，王绍祖讲师，冯中、万欣等4名助教。

史绍熙教授

刘友钧教授

1953年

天津大学内燃机专业第一届学生于1953年7月毕业，共计71人。该专业应届毕业生林大渊留内燃机教研室任教，同时兼任教研室秘书。

从该年度起，教育部开始编制全国统一的教学计划和教学大纲。教育部委托天津大学重点修订内燃机专业教学计划，为此，史绍熙教授亲自去北京、上海向苏联专家请教，后经内燃机教研室多次讨论，修订工作于12月完成。1953年开始按新修订的专业教学计划施行。

天津大学热工教研室成立，成员有范正钊教授、项任澜教授、王致中教授，讲师吕灿仁、何志迈、李英才以及钟鹏志（秘书、助教），再加上1953年天津大学内燃机专业刚毕业的蔡义汉、吴治坚、涂颉，共10人。不久，钟鹏志被调到哈尔滨军事工程学院工作，教研室秘书由蔡义汉接任。这时，热工教研室形成了三教授、三讲师、三助教的格局。当时，全校除无线电系外几乎都要上热工课，热工教研室教学任务重，教师严重不足。

热工教研室人员合影

1954年

史绍熙教授升任机械系副主任。

当年暑假后，内燃机专业按教育部组织修订的统一教学计划实施教学，四年总学时不超过3 800学时（原为4 000学时以上），周学时平均为22学时，专业课学时所占比例相对较小，基础课学时相对增加。按教学计划要求，组织学生进行正规的生产实习。同年，开始组织学生进行课程设计。

全国高校教育从专业设置、教学计划、课程设置、教材、教学环节、教学大纲、考试及成绩评定等方面全面学习苏联。教师突击学习俄语，以便翻译教学文件和教材。当时教研室先后组织翻译《汽车拖拉机发动机》（保勤斯基著）、《内燃机》（卷二，内燃机设计部分，奥尔林著）并将其作为主要专业课教科书。

1955年

组织毕业设计和毕业答辩。至此，教学计划规定的各个教学环节均已开始实行，内燃机专业教学的全过程初步掌握。1955年，入学新生的学制由四年制改为五年制；热工实验室组建，蔡义汉任实验室主任，王明慧任副主任，在加强实验教学的同时开展科学研究。

9月，本校1955届毕业生张锡久、武善谋、万世雄、周君正等被分配到内燃机教研室任教，章熙民、张云鹏（1955年毕业于大连工学院）被分配到热工教研室任教。

1956年

1956年党中央发出“向科学进军”的号召，内燃机教研室在史绍熙教授的带领下，积极响应中央的号召，组织开展科研活动。全体青年教师在史绍熙教授指导下制订三年个人进修计划。教研室学术风气渐浓，学术活动增多。在当年校庆时学校举行第一次科学讨论会。在科学讨论会分组会上，史绍熙教授做了学术报告并发表题为《周期性黏性流动的理论分析》的论文，该论文刊登在《天津大学学报》1956年第6期上。

李厚生、饶寿人、魏励勇、姚彪寰等由上海交通大学内燃机研究生班结业，被分配到内燃机教研室任教，李汉炎、孟祥庸由南京工学院毕业，被分配到热工教研室工作。

本年度史绍熙教授入选我国第一批研究生导师，并招收了第一名副博士研究生黄宜谅，在史绍熙教授指导下，他从事国外新兴的自由活塞式发动机研究，完成学位论文并研制成功我国第一台自由活塞式发动机一压气机联合装置，并编著出版了《自由活塞式发动机》一书。

本年度，学校决定开始筹建内燃机实验室，天津大学教务长潘承孝教授鼎力支持，万欣全面负责实验室的设计、建造和设备安装、调试等工作。实验室于1958年建成并投入使用。实验室建筑面积2 700 m^2，共三层，一层为动力实验室和加工车间，二层为非动力系统实验室，三层为教研室、资料室和零部件陈列室等。

1958年投入使用的内燃机实验室（地震损毁后又修缮的现内燃机大楼）

1957年

本科毕业生赵奎翰考取了史绍熙教授的第二个研究生，此后很长一段时期担任史绍熙教授的科研助手。

虽然本年度全国掀起反右派斗争，占用了部分教学时间，但内燃机教研室仍然开出了新课，如“特种内燃机”“燃气轮机和压气机”“燃烧与润滑油”和“汽车拖拉机发动机的安装与保修” 等，1957年是内燃机教研室建立以来开出课程最多的一年。

应届毕业生苗瀛、钱起云、余乃彪留校，在内燃机教研室任教；张启和范文伯由南京工学院动力工程系毕业，加入热工教研室。

学校组织教师下乡劳动锻炼，内燃机教研室选定林大渊、饶寿人和万世雄3人赴天津李楼乡参加农业劳动。

1958年

教研室大搞技术革命。夏季，内燃机专业教师与制图教研室教师合作为天津市仿造日本小客车，测绘了全车。借此，在技术革命中，内燃机专业决定全体师生员工参与制造小客车，为国庆献礼。经过大家的努力，两辆小客车被生产出来，后驶往北京参加“教育与生产劳动相结合展览会”。其中，一辆车采用深浅蓝色钢质外壳，另一辆是玫瑰红与银灰色塑料外壳的敞篷客车。两辆车的发动机、底盘和车身由内燃机专业师生员工制造，塑料车身造型由建筑系设计，塑料材料由化工系研配并用于制造车身，沙发座由纺织系研制，微型收音机由无线电系研制。这两辆车是多科系合作与学科交叉的实践成果。另外，还制配了一辆摩托车。小客车和摩托车都取名为“红与专”牌。同年10月9日，中央领导邓小平、杨尚昆等来教研室视察。同年，天津市委书记万晓塘、解放军副总参谋长张爱萍等多位领导同志来教研室参观。

天津大学师生与亲手制造的轿车

5月21日，经时任天津大学校长张国藩签批，天津市机电工业局与天津大学合作组建的天津市内燃机研究室正式成立，史绍熙教授兼任研究室主任。该研究室就是天津内燃机研究所的前身。

7 月，原机械工程系分为三个机械系，内燃机专业和内燃机教研室、热工教研室隶属第三机械系。

在史绍熙教授倡导下，本年度天津大学内燃机专业在国内较早地实践了教学与科研两个中心的办学思想。

本校毕业生王仁仲、朱立勇被分配到研究室工作，在史绍熙教授指导下从事转子发动机的研究。文世骐毕业留内燃机教研室工作，魏保太由哈尔滨工业大学机械系毕业，被分配到热工教研室工作。

同年，热工教研室建立我国首个太阳能热水器实验系统，建立热泵实验系统并开始热泵实验研究。

早期的太阳能利用装置和热泵实验系统

1959年

天津大学三个机械系调整为机械制造工程系、精密仪器工程系和动力机械工程系，内燃机专业就设在动力机械工程系，史绍熙任系主任。同年，筹建热能动力专业，吕灿仁任教研室主任，1960年开始招收热能动力专业学生，1962年停招。

本年度因学制由四年制改为五年制，故无本科毕业生。

全体教师与天津动力机厂设计科的工程师联合设计了12 kW的自由活塞发电机组。

1960年

学校第14教学楼完工，热工教研室迁入，该楼是由热能专业提出要求而设计的。

天津大学内燃机专业历来重视对学生实验能力的培养，并较早建立了内燃机实验台，开展内燃机原理实验。下图是1960年进行的内燃机原理教学实验。

内燃机专业学生在做内燃机原理教学实验（摄于1960年）

7月，天津市柴油机修配厂（厂址在元纬路，规模在200人左右）调入天津大学作为试制厂，与研究室共同组建了天津内燃机研究所，史绍熙任所长，从那时起天津内燃机研究所与上海内燃机研究所成为南北呼应的两大内燃机研究基地。

本年度毕业生毕翔云、杨传仁、田子义、王福林和王世卿等5人留内燃机教研室工作，王世卿兼任内燃机教研室教学秘书。王之安由哈尔滨工业大学、胡亮光由厦门大学、王中铮由浙江大学毕业，被分配至热工教研室工作，同年，本校毕业的齐锡龄也留在了热工教研室工作。

许斯都考上史绍熙教授的第三个研究生，在史绍熙教授指导下进行柴油机复合式燃烧系统的研究。

1961年

本年度毕业生留内燃机教研室任教的有秦文鑫（后任教研室秘书）和程熙，林瑞泰留热工教研室任教，另外，本校1958年毕业的方承超也由清华大学力学研究生班毕业，进入热工教研室工作。本年度考取史绍熙教授研究生的有傅茂林和刘书亮2人。

6 月，天津市农机局决定取消试制厂，其全部人员并入天津内燃机研究所，研究所由企业单位改为事业单位。

1962年

动力机械工程系与电机工程系合并成立电机与动力工程系（仍简称“动力系”），由史绍熙任系主任，徐庆春任系副主任。招收的两届热能专业的学生并入发电专业。

史绍熙教授主持了天津市科技项目“柴油机复合燃烧系统的研究”，成功研制出柴油机复合式燃烧系统。该项目在1983年获国家发明二等奖，在中华人民共和国成立50周年时被评为50项国家重大成果之一。

史绍熙教授招收1名研究生：黄伟汉。

天津内燃机研究所集中力量开展W1105 型柴油机、万能手扶拖拉机、机动背负式喷雾器和361 旋转式发动机等项目的研究工作。

1963年

有2名内燃机应届毕业生留教研室任教，分别是刘俊生和李文忠（后转至电工教研室）。

史绍熙教授招收1名研究生：张元雄。

天津内燃机研究所大发展，与农机部挂钩，和农机局重新签订合同，从教研室及校内各单位抽调一批教师充实到研究所（包括林大渊、魏励勇、毕翔云、田子义、任雄峰、贺焕然和李德升等）。

1964年

天津内燃机研究所实验室落成并交付使用。教研室大多科研力量和科研课题都转入研究所，史绍熙教授任研究所所长，林大渊调任柴油机研究室主任，饶寿人任汽油机研究室主任。

史绍熙教授招收2名研究生：袁汉三、粟士敏。刘友钧招收第1名研究生蔡桀民。

教研室根据学校安排，于1964—1966年组织教师赴河北省衡水县下乡参加“四清”运动。

1965年

史绍熙教授招收2名研究生：苏万华、王树奎。应届毕业生周启德和刘桂莲留校工作，后调到内燃机教研室任教。

史绍熙教授非常重视国际学术交流。1965 年，他邀请日本京都工业大学长尾不二夫教授来中国访问和开展学术讲座；多次作为第一机械工业部技术代表团成员访问日本等许多国家；改革开放后，更是邀请世界许多内燃机和燃烧学著名教授来天津大学讲学访问。天津大学内燃机实验室逐步成为国内外学术交流中心。

1月，天津内燃机研究所参加当时第八机械工业部主持的全国新105系列柴油机设计，并采用复合式燃烧系统。设计工作在南昌柴油机厂进行。1968年南昌柴油机厂第一个机型通过鉴定，以后新105系列柴油机在全国20多个工厂陆续投入大批量生产，取得了很好的经济效益和社会效益。5月，天津内燃机研究所建筑面积为4 100 m^2 的“山”字形内燃机动力实验室建成，24部实验台陆续安装到位并投入使用。

天津大学热能实验室与天津冷气机厂研制出国内第一台水源热泵空调机组，与铁道部四方车辆研究所合作，进行干线客车的空气/空气热泵试验。

1966—1976年

1966年2月，农机部在天津内燃机研究所召开了小型汽油机歼灭战会议，会议讨论通过了《通用小型汽油机系列型谱（试行草案）》，天津内燃机研究所按该草案对我国新一代小型汽油机开发工作进行了分工并成为通用小型汽油机行业技术归口单位，承担了 1E32F、1E35F、170、270 等系列机型的设计任务。

为了使柴油机复合型燃烧系统尽快产业化，农机部于 1966 年初组织了全国 X105 系列柴油机设计大会战。在史绍熙所长的指导下，天津内燃机研究所科研人员深入 X105 柴油机生产企业，无偿为技术人员讲解，帮助企业解决应用过程中的技术问题。

1966年初，天津市农机局决定将天津内燃机研究所试制厂调出，天津内燃机研究所在天津大学内的部分继续工作，同时在所内建立为科研服务的加工车间，解决试制厂调离造成的机加工能力不足问题。

1966年6月2日，全校开始停课。当时教研室的教师仍自觉地来校上班，学习文件、讨论等。

“文革”期间，在全国教学改革的总形势下，内燃机专业也曾探讨专业教学一条龙的教学模式。基础课教师下专业教研室，根据专业课的需求改造基础课，提出基础课为专业课服务。这必然会破坏基础课本身的系统性，影响学生对基础课理论知识的深入掌握，这一改革以失败告终。

其间招收 5 届工农兵学员。

1967—1970年，天津内燃机研究所面向全国服务，先后成功研制包括 170F、270F、470F 机型在内的3款70F系列风冷四冲程汽油机以及 85 和 105 系列柴油机，并开展了 YN25 内燃机凿岩机和 140 载重汽车配套双缸汽油转子发动机和 4HP 全风冷汽油转子发动机的设计、试制和试验工作。

1970年

热工教研室从事的科研项目“中间介质法地热发电装置及系统的试验研究”使60 ℃地热水发电成功，并获1978年全国科学大会奖。

1971年

3月，由天津内燃机研究所创办的杂志《小型内燃机》第一期在全国出版发行，2001年4月，该杂志更名为《小型

做报告者为吕灿仁教授

中国早期的地热能发电装置

内燃机与摩托车》。

热工教研室搭建了国内第一台低沸点工质双循环低温地热发电模拟装置，后逐渐推广应用到国内多个地热电站的建设中。

1972年

天津内燃机研究所加入了农机部成立的小型汽油机行业组；之后有关部门又陆续成立了磁电机、化油器、二冲程发动机、四冲程发动机、摩托车发动机等多个行业组，天津内燃机研究所均参加并为秘书长单位。

1975年

12月，天津内燃机研究所办公大楼竣工并投入使用。

1977年

全国恢复“统一考试，择优录取”的招生制度，天津大学内燃机专业又开始了新一轮的招生工作。

太阳能楼落成，并先后建起了平板太阳能集热器性能测试台、直流式太阳能热水系统、跟踪式太阳能聚光反射镜群等装置，开始塔式太阳能热发电的研究。

太阳能利用的研究

1978年

在全国科学大会召开之前，邓小平召集了全国各地33位著名学者、教授和科教部门负责人到北京开会，讨论高校教学科研问题，史绍熙教授出席了座谈会。之后，能源动力领域的领军人物吴仲华、史绍熙、王补宣等几位京津地区的学部委员，经过多次研究讨论，确定了动力工程及工程热物理学科研究生培养格局，并筹备在天津大学、重庆大学、南京工学院、华中工学院建立工程热物理本科专业，建立了师资、教材、实验基地等协作与建设机制。

3 月18 日，全国科学大会在北京开幕。时任国务院副总理方毅在大会报告中指出，人才问题是实现科学技术现代化的一个十分突出的问题，要大力加强培养研究生的工作，积极扩大研究生招生规模，以便在较短的时间内，培养出一大批基础比较坚实、能独立进行科学研究工作的人才。

1978年秋，中断12年之久的研究生招生工作恢复。

由于科研需要，史绍熙教授陆续将刘书亮、苏万华、王树奎、袁汉三、傅茂林、刘维罄等科研助手从外地调回天津大学工作。

天津内燃机研究所新105 系列柴油机、小型汽油机系列型谱等多个项目获全国科学大会奖。

天津内燃机研究所成立摩托车发动机设计组，主要成员由转子发动机设计组的同志组成，包括组长白景升在内最初仅有7 人。

1979年

热物理工程系（后改为热能工程系）成立，史绍熙任系主任，吕灿仁、武善谋为系副主任；黄士松为办公室主任，李玺会为副主任；怀文明任党总支书记，张锡久任副书记。

早期“太阳楼”（能源研究室）前的“全家福”

1980年

史绍熙教授当选为中国科学院技术科学学部学部委员（院士）。

1981年

工程热物理专业招收第一批本科生。

11月3日，天津大学动力机械及工程专业获批首批博士学位点，工程热物理专业获批硕士学位点。

经国家机械工业委员会批准，天津内燃机研究所开始筹建机械工业部汽油机产品质量检验测试中心。该中心于1983年底建成。

1982年

内燃机专业招收了第一个博士研究生张淑蕊。1986年第一个博士研究生盛宏至毕业，他的论文题目是《内燃机缸内压力测量的误差分析、数值仿真及数字信号处理的研究》，当时国内专家对他的论文给予高度评价。

热物理工程系领导换届，林大渊任系主任，涂颉、王世卿任副主任；怀文明任党总支书记，张锡久任副书记。

1983年

教育部批准成立天津大学热能研究所，研究所设立了以内燃机节能和净化为主要研究目标的内燃机燃烧学研究室、激光诊断研究室、太阳能利用研究室和地热研究室。同年，史绍熙教授发明的柴油机复合式燃烧系统获得国家发明二等奖。

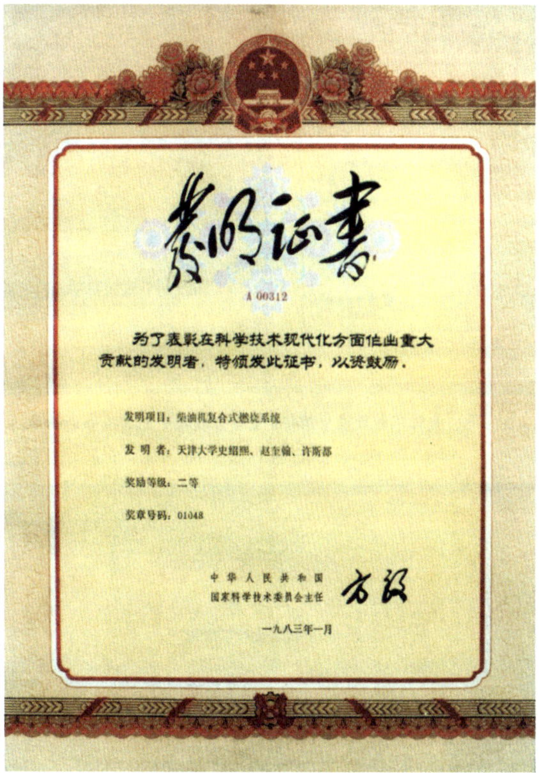
发明证书

A 00312

为了表彰在科学技术现代化方面作出重大贡献的发明者，特颁发此证书，以资鼓励。

发明项目：柴油机复合式燃烧系统

发 明 者：天津大学史绍熙、赵奎翰、许斯都

奖励等级：二等

奖章号码：01048

中华人民共和国
国家科学技术委员会主任 方毅

一九八三年一月

柴油机复合式燃烧系统获得国家发明二等奖

中国内燃机学会创刊《内燃机学报》，史绍熙教授任编辑委员会主任委员，万欣任编辑部主任。

由李厚生主持的“燃氢发动机及其应用研究”获得1983年天津市科委立项。该项目在发动机台架上做了燃氢性能及EGR（废气再循环）试验，并在公交车上路试成功。

1984年

5月4日，国家科委、教育部、机械工业部联合下发《关于调整天津内燃机研究所领导体制的通知》，通知要求：“该所改为隶属教育部，由天津大学负责领导与管理。机械工业部从业务上积极予以指导和支持。仍定名为‘天津内燃机研究所’。”

5月12日，天津内燃机研究所成立党委会，王珍玺任党委书记。

在机械工业部汽油机产品质量检验测试中心的基础上成立了机械工业内燃机产品质量监督检测中心天津分中心。

工程热物理学科获批博士点，开始招收博士研究生，第一位博士研究生为马一太。

1984年中国内燃机学会学术会议在庐山召开，出席会议的天津大学校友合影

“太阳楼”（能源研究室）前合影
（图中左起方承超、齐锡龄、章熙民、范文伯、薛忠国、林瑞泰、何志迈、张启、涂颉）

1985年

动力工程及工程热物理学科被国家科委批准为首批博士后科研流动站。

1980—1985年，刘书亮、刘维馨、周启德、许斯都、苏万华分别被派遣到英国、美国、日本、西德、挪威做访问学者。后来，他们都学成回国工作。

国家科委批准成立天津大学地热研究与培训中心。

1986年

4月，国家计委首批批准天津大学建设内燃机燃烧学国家重点实验室。

12月，刘友钧教授开发的汽油机射流燃烧系统获布鲁塞尔尤里卡世界发明博览会银质奖章。

史绍熙教授负责的“柴油机燃烧室中空气涡流及质点运动规律的研究”项目获国家教委科技进步二等奖。

1986 年，史绍熙教授拜访西德亚琛大学毕兴格教授（许斯都教授陪同）

天津大学地热研究与培训中心大楼建成并投入使用，天津大学地热研究与培训中心正式成立。

天津大学地热研究与培训中心落成典礼

1987年

天津大学内燃机专业被评为国家重点学科。

史绍熙教授主持了由天津大学、清华大学、西安交通大学和华中理工大学参加的国家自然科学基金重大项目——“工程热物理若干关键问题的研究”。

刘友钧教授获中华全国总工会授予的“全国先进科技工作者”称号和“五一劳动奖章”。

经国务院摩托车行业规划办公室授权，天津内燃机研究所开始对全国摩托车发动机进行行业检测。

1988年

“AH－1自适应共振型弹簧试验机”获国家教委科技进步二等奖。

1989年

6月5日至7日，在天津成功举办了第十八届国际内燃机会议（CIMAC）。这是我国第一次举办国际内燃机会议，出席这次会议的有来自22个国家的500多位代表，其中外宾264人，国内代表262人。

第十八届国际内燃机会议

10月6日，内燃机燃烧学国家重点实验室通过验收，成为国内内燃机领域唯一的国家级重点实验室。

由史绍熙教授牵头，天津大学、朝阳柴油机厂和中国农科院共同签订了“关于全面提高朝阳柴油机厂6102系列柴油机性能联合研究开发”项目，天津大学产、学、研合作的新阶段开启。

“光电调制反馈激光多普勒测速仪”获国家教委科技进步二等奖。

1990年

机械工业内燃机产品质量监督检测中心天津分中心正式通过部级验收并正式命名。

工程热物理学科被评为天津市重点学科。

1991年

4月16日，国家教委主任李铁映同志视察天津大学内燃机燃烧学国家重点实验室。

郝志勇教授负责完成的电磁式扭振实验台于1991年获天津市优秀发明奖和第六届全国发明金奖，2001年获天津市科技进步二等奖。

由文世骐负责的“日本三井30.5吨集装箱起动机动力机NT855G柴油机损坏原因的研究”项目，获天津大学1990年科技进步一等奖，国家教委1991年科技进步二等奖。

1992年

由史绍熙教授提出建议的“八五”攀登计划项目——“煤和石油的高效率、低污染燃烧过程的基础研究”通过立项，清华大学、华中理工大学、西安交通大学、吉林工业大学和中国科学院等单位参加。天津大学共承担了其中五个子项目。

6 月，内燃机燃烧学国家重点实验室通过了建室后的首次国家评估，并被评为“优秀类国家重点实验室”。

苏万华教授在国内开始了柴油机电控燃油系统的开创性研究，成功研制出新型电控高压喷油系统ECHPFIE。

11月，有关单位及相关专业人员商议，决定以内燃机燃烧学国家重点实验室为依托，申请创办《燃烧科学与技术》期刊。国家科委、国家教委于1994年2月批准了139种科技期刊的创办，《燃烧科学与技术》名列其中。

《内燃机设计》（专业教材）获机电部优秀教材二等奖。

由王义昌、陈绍洪等负责的“自适应共振系统新型振动机”项目获国家发明三等奖。

1993年

随着社会主义市场经济体制的建立以及改革的进一步深化，社会对人才的需求发生了较大变化。为了促使普通高等学校主动适应经济、科技和社会发展的需要，1993年国家教委下发新的《普通高等学校本科专业目录》，在机械类专业中把原来的内燃机专业和蒸汽轮机及燃气轮机专业合并在一起，设立热力发动机专业。天津大学的内燃机专业也变成了热力发动机专业，工程热物理专业仍按原专业进行招生。

史绍熙教授负责的“直喷式柴油机喷雾特性、混合气形成及其对燃烧过程影响的研究”项目获国家教委科技进步二等奖。

1994年

内燃机燃烧学国家重点实验室和广西玉柴机器公司成立联合技术开发部，许斯都任开发部主任，承担产品有关技术开发研究工作。

12月2日，经机械工业部汽车司批准，在天津摩托车发动机研究所的基础上成立了天津摩托车技术中心。

1995年

5月，天津大学顺利通过国家教委“211工程”部门预审，成为我国首批建设的若干所重点大学之一。

10月2日，天津大学（原北洋大学）建校100周年庆典隆重举行，全校师生员工和2万余名海内外校友参加了这一盛大庆典。

1996年

苏万华教授主持的“采用柴油机电控共轨式单体喷油器燃油系统的开发研究”通过国家科委“九五”国家攻关计划立项。在该项目支持下，成功研制了国内首台柴油机共轨燃油喷射系统并将其用于实验研究，为“十五”期间与国际同步开展新一代内燃机燃烧理论研究奠定了基础。

1997年

天津大学实行学院制，热能工程系的内燃机教研室扩建，成立汽车工程系，并与机械工程系、力学系以及内燃机燃烧学国家重点实验室联合组建机械工程学院，而热能工程系的热能教研室和地热研究与培训中心则与电力及自动化工程系联合组建了电气自动化与能源工程学院（简称“自动化学院”），下设电力工程系、自动化系、热能与制冷工程系等3个系及6个中心和3个研究所。

内燃机燃烧学国家重点实验室与丰田公司合作举办了丰田技术讲座，吸引了国内企业和科研院所的200余位代表参加。此后该类讲座举办了8次。

刘友钧教授负责完成的“汽油机射流燃烧技术”项目获国家技术发明三等奖。

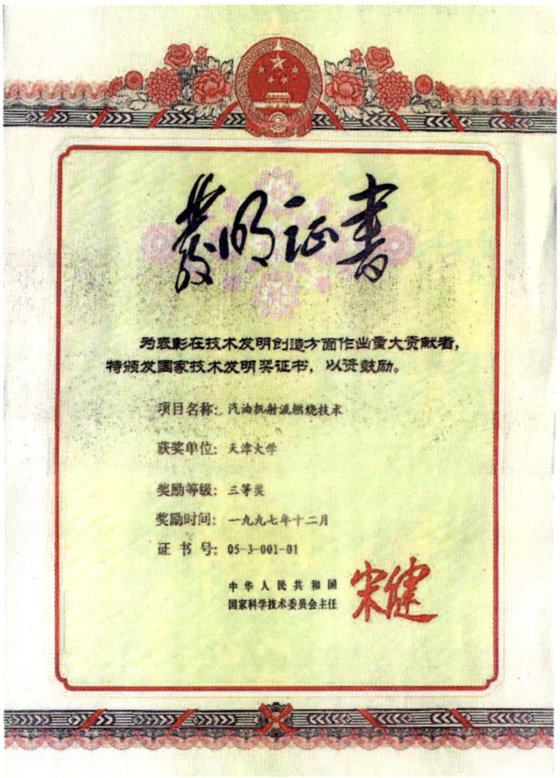
发明证书

为表彰在技术发明创造方面作出重大贡献者，特颁发国家技术发明奖证书，以资鼓励。

项目名称：汽油机射流燃烧技术

获奖单位：天津大学

奖励等级：三等奖

奖励时间：一九九七年十二月

证书号：05-3-001-01

中华人民共和国
国家科学技术委员会主任 宋健

“汽油机射流燃烧技术”项目获国家技术发明三等奖

机械工业内燃机产品质量监督检测中心天津分中心升格为机械工业部内燃机产品质量监督检测中心（天津）。

史绍熙教授及其学生与海内外一些内燃机企事业单位共同出资设立“史绍熙科技教育基金”，用于奖励内燃机行业青年科研工作者和天津大学内燃机专业学生。1998—2001年每年评选成就奖（共分三个等级），2002年开始取消偶数年份评奖。从2006年起改为“史绍熙人才奖”，不分等级，每年评选2~3名。

7 月，天津内燃机研究所与马来西亚金狮集团合作成立了朝霞摩托车技术开发有限公司，主要进行摩托车整车、发动机及零部件的设计与研制。

1998年

教育部为加强宏观调控和管理，理顺高等学校专业设置和招生就业工作的关系，下发《关于加强专业结构调整力度，尽快缓解部分科类本专科毕业生供求矛盾的通知》，进一步扩大专业覆盖面，在能源动力类专业中设立“热能与动力工程专业”，将热能工程、热能工程与动力机械、热力发动机、制冷及低温工程、流体机械与流体工程、水利水电动力工程、工程热物理、能源工程和冷冻与冷藏9个专业并为1个，即热能与动力工程专业，机械学院的热力发动机专业和电气自动化与能源工程学院的工程热物理专业统一按热能与动力工程专业分别招生，独立培养。

3 月，经教育部批准，苏万华教授担任内燃机燃烧学国家重点实验室主任。

郝志勇教授负责研制的“船舶柴油机运行状态连续无孔监测仪”获1998年天津市科技进步二等奖。

苏万华教授负责完成的“直喷式柴油机燃烧室内近壁混合气浓度分布及湍流混合过程的研究”项目获教育部科技进步二等奖。

在国际标准化工作方面，天津内燃机研究所作为专家单位参与ISO/TC 22/SC 22&SC 23、ISO/TC 70 以及联合国世界车辆法规协调论坛（UN/WP29）工作，随后还积极参与了WMTC循环（摩托车排放测试循环）的制定，并且为WMTC 提供了中国典型城市典型车型的驾驶工况数据，代表中国提交WMTC 的路面实验历程数据占总数据量的17.3%，占总测试时间的9.7%，有利于WMTC 测试循环的进一步修订工作，使WMTC循环更好地与中国的实际路面交通情况相适应。

1999年

为贯彻“厚基础、宽口径”的培养方针，国家高等教育进行了专业目录调整，课内总学时包括必修课和选修课的计划学时，含实验课程，不含集中实践环节。标准四年制专业课内总学时控制在2 400～2 500学时（五年制专业控制在3 100～3 200学时）。对于周学时，低年级控制在22~26学时，高年级控制在16~20学时。四年制专业基本学分为190学分左右（含课外8学分），其中理论课程为140学分左右，实践环节（含集中实践环节和单独设课实验）为40学分左右，热能与动力工程专业按要求对专业课进行了适当调整。

机械工业部内燃机产品质量监督检测中心（天津）更名为机械工业内燃机产品质量监督检测中心（天津）。

中国摩托车质量天津监督检验所更名为天津摩托车质量监督检验所。

苏万华教授主持的“气口顺序喷射、稀燃、全电控柴油引燃天然气发动机”项目获得科技部清洁汽车行动项目立项，在项目支持下成功开发出具有独立知识产权的全电控引燃天然气发动机，这是我国自行开发的第一台电子智能控制内燃机，并在西安公交系统试运行。

我国自行研发的第一台电子智能控制内燃机投入使用

2000年

9月16日，中国科学院院士史绍熙教授因病逝世，享年85岁。

12月，天津市科委批复，同意天津内燃机研究所在快速原型制造技术生产力促进中心基础上组建天津市快速成型技术工程中心。

苏万华教授主持的国家自然科学基金重点项目“车用内燃机新概念燃烧过程研究”获得国家自然科学基金批准立项，初步形成了新一代内燃机燃烧理论的学术思想框架。

动力工程及工程热物理（涵盖5个二级学科）获一级学科博士授予权。

2000年热能与制冷工程系全体教师合影

2001年

在“九五”工作基础上，苏万华教授提出了新一代内燃机燃烧理论，并作为首席科学家，组织天津大学、西安交通大学、清华大学、上海交通大学、吉林大学、大连理工大学、华中科技大学和北京工业大学等八所高校承担了国家重点基础研究发展计划（973计划）项目——“新一代内燃机燃烧理论及石油燃料替代途径的研究”，开展新一代内燃机燃烧理论的基础研究。该项目是我国第一次有组织地参加国际新一轮内燃机新技术竞赛，使我国内燃机燃烧理论和燃烧新技术的研究与国际接轨。苏万华、赵华和尧命发教授承担了其中的3 个课题。

赵华被聘为长江学者特聘教授。

6月2日，时任国务院副总理李岚清来天津内燃机研究所视察。

10月21日，天津内燃机研究所自筹资金5 000万元在天津市静海县团泊湖旁建成了60多万平方米的我国第一个符合国际标准的摩托车综合试验场。

11月，经国家认证认可监督管理委员会批准，天津内燃机研究所在天津摩托车质量监督检验所基础上成立了国家摩托车质量监督检验中心（天津）。

王中铮教授负责完成的“面向21世纪热工课程教学内容与课程体系改革的研究与实践”获国家级教学成果一等奖。

2002年

内燃机燃烧学国家重点实验室主办了首届“内燃机高效清洁燃烧国际研讨会”（International Symposium on “Clean and High-Efficiency Combustion in Engines”，ISCE）。2006年举办了第二届，吸引了一批国际著名内燃机专家学者参加，并获得了国内外参会学者高度评价。此后，在国内外专家建议下，该会议由过去的四年一次改为两年一次。该会议成为国内主办的内燃机领域国际学术交流的重要平台。

苏万华教授负责完成的“先进柴油机共轨式电控燃油系统及其相关应用技术”项目获天津市科技发明二等奖。

傅光琦研究员负责完成的“160水冷柴油机设计、研究与开发”项目获天津市科技进步二等奖。

热能工程系与地热研究与培训中心从电气自动化与能源工程学院调整到机械工程学院。

在第14教学楼前热能系全体教师合影

2003年

内燃机燃烧学国家重点实验室通过了科技部组织的评估，被评为“良好国家重点实验室”，科技部重点实验室评估认为“实验室在国内内燃机研究领域具有不可替代作用”。

对本科生培养方案进一步修订，在课程设置方面，继续坚持厚基础的原则，加强基础课程教学，坚持知识结构和课程体系整体优化的原则，突出创新精神和实践能力的培养。总学分控制在180学分内，其中理论课学分在145学分左右，因此，需要进一步缩短专业课学时，减少专业课学分，进一步加大课程重组和整合的力度，增设了学科前沿性和综合性课程。

10月，天津市快速成型技术工程中心研制的宇航员“赋形缓冲减振坐垫”助力航天英雄杨利伟随神舟五号载人飞船成功遨游太空。

朱家玲教授负责完成的“中低焓地热工程建设技术”项目获国家科技进步奖二等奖。

郝志勇教授负责完成的“大型汽轮发电机组轴系扭振危害及其控制的研究”项目获天津市科技进步二等奖。

2004年

3月，经教育部批准，舒歌群教授担任内燃机燃烧学国家重点实验室主任。

3月，我国摩托车行业第一个电磁兼容EMC试验室在摩托车综合试验场建成，通过了国家级验收并投入使用；江淮汽车公司搭载内燃机研究所第三研究室开发的具有自主知识产权的发动机的2.4 L“瑞风”牌商务车正式投产；以410万美元价格转让的鼎力公司全部股份中，天津内燃机研究所获得了30%的技术股份转让费120.88万美元，折合人民币992.95万元。

苏万华教授获首届“中国内燃机学会科技成就奖”。

宋崇林教授负责完成的“4102增压中冷车用柴油机关键技术的研究及应用”项目获天津市科技进步二等奖。

2005年

刘书亮教授负责完成的“内燃机气道稳流试验评价方法的研究与应用”项目获教育部提名国家科学技术奖科技进步一等奖。

崔国起研究员负责完成的“赋形缓冲减振坐垫设计及其制造模具研制”项目获天津市科技进步一等奖。

刘德新教授负责完成的“汽油机塑料进气歧管的开发”项目获天津市科技进步二等奖。

经教育部批准，天津内燃机研究所成立了轻型动力教育部工程研究中心，2010 年通过验收。

2006年

苏万华教授主持的国家自然科学基金重点项目“先进内燃机燃烧与控制理论中的若干关键问题研究”获国家自然科学基金批准立项。

在“十一五”863 项目“汽车开发先进技术”专项申报中，内燃机燃烧学国家重点实验室承担了该专项“重型商用车柴油机开发”和“缸内直喷汽油机开发”所有5 个课题关键技术的研究。

舒歌群教授负责完成的“机动车及发动机噪声控制关键技术”项目获天津市科技进步一等奖。

宋崇林教授负责完成的“乙醇/ 柴油燃料清洁燃烧及相关排气污染物检测技术”项目获天津市科技进步二等奖。

舒歌群教授负责完成的“内燃机振动噪声控制的理论、方法及工程应用”项目获教育部科技进步二等奖。

6月，商务部在北京召开“出口商品技术服务中心”成立大会，天津内燃机研究所成为我国首批19 个“出口商品技术服务中心”之一。2006年底，国家摩托车质量监督检验中心（天津）摩托车排放测试数据被美国环保署（EPA）直接认可。

2007年

天津大学内燃机动力创新引智基地获国家外专局“111”引智基地批准，每年引进国外高水平专家来天津大学进行学术交流、合作研究，并为高年级本科生和研究生开设专业课程。

引智基地开展的学术交流

内燃机专业的2004级本科生自己动手，制作了第一辆节能赛车，并派6人代表天津大学节能车队参加了2007第一届Honda 中国节能竞技大赛，取得了较好成绩。从此，每届都有本科生参加该项赛事。

天津大学节能赛车

内燃机燃烧学国家重点实验室苏万华教授作为首席科学家主持内燃机领域“均质压燃、低温燃烧”新一代内燃机燃烧技术的基础研究973计划重大项目。本项目主要由天津大学内燃机燃烧学国家重点实验室、清华大学汽车节能与安全国家重点实验室、西安交通大学多项流国家重点实验室、上海交通大学动力机械及工程教育部重点实验室和吉林大学内燃机研究所承担。天津大学苏万华、赵华和尧命发教授承担了其中的3个课题。

江淮汽车公司搭载天津内燃机研究所第三研究室开发的具有自主知识产权的发动机的C级“宾悦”牌轿车正式亮相国内市场；摩托车综合试验场3 400 m^2的综合实验大楼验收合格并投入使用。

2008年

内燃机燃烧学国家重点实验室通过了科技部组织的评估，评估认为内燃机燃烧学国家重点实验室“在我国内燃机领域研究中发挥了开拓和牵引作用”，评估结果为“良好国家重点实验室”。同年，实验室连续获得国家重点实验室专项经费支持，实验室的科研条件得到明显改善。

6月19日至22日，内燃机燃烧学国家重点实验室举办了第三届内燃机清洁高效燃烧国际研讨会（The 3rd International Symposium on “Clean and High-Efficiency Combustion in Engines”, ISCE 2008）。

6月21日，内燃机燃烧学国家重点实验室召开了内燃机动力创新引智基地学术委员会会议，来自美国、日本、德国、瑞典、英国和韩国等的国际知名内燃机专家出席了本次会议，会议成立了引智基地学术委员会，推选英国皇家工程院院士、伦敦城市大学副校长Dinos Arcoumanis 教授担任学术委员会主任委员。

7月8日，全国政协副主席、科技部部长万钢，科技部党组书记、副部长李学勇参观考察了内燃机燃烧学国家重点实验室。天津大学校长龚克教授，副校长、重点实验室主任舒歌群教授，实验室学术带头人、973计划首席科学家苏万华教授陪同参观考察。万钢部长一行考察了实验室中的仪器设备，听取了实验室科研工作情况介绍。

11月25日至28日，内燃机燃烧学国家重点实验室举办了“2008年第一届先进发动机控制技术国际研讨会”（AECS 2008）。

天津大学内燃机动力创新引智基地研讨会

舒歌群教授获通用汽车中国高校汽车领域创新人才奖一等奖和中国内燃机学会突出贡献奖，王天友获中国内燃机学会史绍熙人才奖。

2005 级本科生5人、研究生3人，代表天津大学内燃机专业参加了第一届全国大学生节能减排社会实践与科技竞赛，并获二等奖两项。

9月，全国内燃机标准化技术委员会通用汽油机分技术委员会（SAC/TC177/SC4）成立，天津内燃机研究所承担秘书处工作。

2009 年

3月，经教育部批准，尧命发教授担任内燃机燃烧学国家重点实验室主任。

舒歌群教授负责完成的“充分发挥科研基地对创新型人才培养的作用，将科研资源转化为教育资源”教改项目获得天津市教学成果二等奖。

苏万华教授负责完成的“柴油机高效清洁燃烧新技术”项目获天津市科技发明一等奖。

苏万华教授负责完成的“准均质压燃天然气发动机技术”项目获教育部优秀科技成果发明二等奖。

尧命发教授负责完成的“内燃机替代燃料高效清洁燃烧基础理论研究”项目获天津市自然科学二等奖。

尧命发教授获得2009年度中国内燃机学会突出贡献奖、2009年度通用汽车中国高校汽车领域创新人才奖一等奖。

8月25日，天津大学内燃机燃烧学国家重点实验室主办了“2009内燃机燃烧、计算流体力学、激光测试暑期国际学校”，聘请韩国高等科技学院Choongsik Bae 教授和卡尔斯鲁厄大学Spicher 教授、Velji 博士等前来讲学，来自国内十余所大学内燃机专业的青年教师、硕士生和博士生以及部分企业工程师等百余人来天津大学参加暑期国际学校的学习。

2009 年度内燃机暑期国际学校学员合影

为迎接2010年中国首届大学生方程式汽车大赛，成立了北洋动力车队。来自机械学院、自动化学院、管理学院的百余人组成的车队亲手打造了“浩跃2号”校园方程式赛车，在比赛中获得了“最佳车队组织奖”“最佳网站设计奖”“年度综合奖”。

北洋动力车队成员合影

2010 年

1月，内燃机燃烧学国家重点实验室举办了建成开放20周年纪念大会暨“能源与动力”学术报告会。

5月，由内燃机燃烧学国家重点实验室牵头组织的“节能环保内燃机产业技术创新战略联盟”在天津大学成立，一汽、东风汽车、长安汽车、上海汽车、奇瑞汽车等国内9家企业和11家科研院所加入该联盟。

5月，天大银泰快速制造生产力促进中心入选科技部“ 国家级示范生产力促进中心”。

6月，内燃机燃烧学国家重点实验室聘请英国皇家工程院院士、伦敦城市大学Dinos Arcoumanis 教授为名誉教授。

“节能环保内燃机产业技术创新战略联盟”成立大会

7月23日至30日，主办“2010 内燃机燃烧暑期国际学校”，在此期间内燃机燃烧学国家重点实验室面向参加暑期国际学校的国内外代表举办了开放日活动。

11月，轻型动力教育部工程研究中心建设通过验收，江淮汽车—天津内燃机研究所发动机技术研究院成立。

江淮汽车—天津内燃机研究所发动机技术研究院成立

12月，内燃机燃烧学国家重点实验室举办纪念重点实验室创始人史绍熙院士逝世10周年纪念会。

12月，以舒歌群教授为首席科学家的研究团队获973计划资助，“高效、节能、低碳内燃机余热能梯级利用基础研究”项目获科技部批准立项，并召开了项目启动会。

天津大学热能与动力工程专业获批为2010年度全国高等学校特色专业建设点。同年，在教育部启动的卓越工程师培养计划中，天津大学被列为全国的重点院校，热能与动力工程专业列为天津大学的四个重点培育专业之一。

2011年

1月，苏万华教授等完成的“柴油机混合率与化学反应率协同控制技术及应用”项目获2010年国家技术发明二等奖，苏万华教授赴北京参加颁奖大会。

5月，内燃机燃烧学国家重点实验室获得天津市教育工会“教工先锋号”称号。

国家技术发明奖

证　书

为表彰国家技术发明奖获得者，特颁发此证书。

项目名称：柴油机混合率与化学反应率协同控制技术及应用

奖励等级：二等

获 奖 者：苏万华(天津大学)

中华人民共和国国务院

2010年11月29日

证书号：2010-F-217-2-02-R01

“柴油机混合率与化学反应率协同控制技术及应用”
项目获2010 年国家技术发明二等奖

内燃机燃烧学国家重点实验室获得天津市教育工会“教工先锋号”称号

6月9日，教育部副部长杜占元一行在天津大学党委书记刘建平、校长李家俊的陪同下到内燃机燃烧学国家重点实验室考察，副校长钟登华、舒歌群以及天津市教委的同志陪同考察。

6月15日，中国工程院院长周济一行参观考察了内燃机燃烧学国家重点实验室。

6月29日，由广西玉柴机器集团有限公司和天津大学内燃机燃烧学国家重点实验室合作开发的中国首台满足欧Ⅵ排放法规的车用柴油机——玉柴 6L-60 欧 Ⅵ 样机诞生。

6月，天津内燃机研究所组建“天津大学天内所 FSC 车队”参加大学生方程式赛事。

教育部副部长杜占元参观考察实验室

中国工程院院长周济参观考察实验室

玉柴 6L-60 欧 Ⅵ 样机诞生

7月26日，由天津大学内燃机燃烧学国家重点实验室主办的全国研究生学术交流平台项目——“2011 年天津大学第三届内燃机暑期国际学校”开课。

8月，举办第四届内燃机高效清洁燃烧国际研讨会，国内外200余位专家学者参加了此次研讨会。

9月，尧命发教授主持的国家自然科学基金杰出青年科学基金项目“内燃机燃烧学”获批。

10月，瑞典皇家工程院院士、瑞典Lund大学燃烧研究中心主任 Marcus Alden教授被聘为天津大学名誉教授，Marcus Alden教授为实验室师生做了专题学术报告。

2011 年度天津大学第三届内燃机暑期国际学校合影

Marcus Alden教授受聘天津大学名誉教授

11月，内燃机燃烧学国家重点实验室举办了第四届先进发动机控制技术国际研讨会，与美国休斯敦研究中心、英国拉弗堡大学、瑞典Lund大学、德国英飞凌公司合作成立了先进发动机控制合作研究中心，举行了合作备忘录签字仪式。

第四届先进发动机控制技术国际研讨会1

第四届先进发动机控制技术国际研讨会2

先进发动机控制合作研究中心备忘录签字仪式

11月，苏万华教授当选中国工程院院士。

12月，尧命发教授负责的“内燃机高效、低污染工作机理及技术研究创新团队”获教育部创新团队发展计划支持。

中国工程院院士苏万华教授

12月，中国内燃机工业协会小汽油机分会年会召开，国内外140余家企业的近200名代表参加，天津内燃机研究所再次当选为分会理事长和秘书长单位。

12月，天津内燃机研究所为江淮汽车等大中型企业研发完成多款汽车发动机设计。其中江淮汽车1.5 L汽油发动机

内燃机燃烧学国家重点实验室全体成员合影

获评“中国心”2011年度十佳发动机。其后年度，天津内燃机研究所设计的发动机多次获评“中国心”年度十佳发动机。该奖项与“沃德十佳发动机”及“国际年度发动机”并列为世界三大发动机评选奖项，分别反映了中国市场、北美市场和欧洲市场上顶尖发动机产品的技术趋势和制造水准。

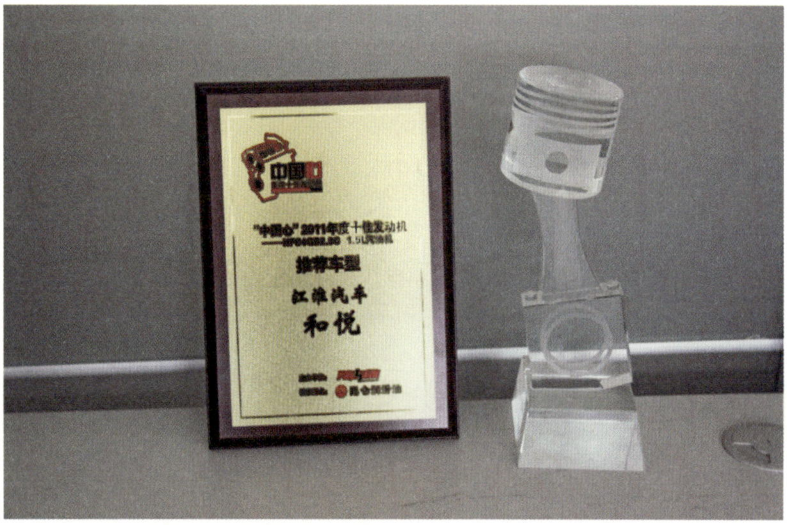

江淮汽车1.5 L汽油发动机获评“中国心”2011年度十佳发动机

2012年

1月，教育部正式批准筹建中低温热能高效利用教育部重点实验室（天津大学）。

4月1日，天津大学牵头成立“内燃动力协同创新中心”，校长李家俊教授任中心理事长，天津大学副校长、副书记舒歌群教授任常务理事长，副理事长为上海交通大学副校长黄震教授、北京理工大学副校长赵长禄教授和中国内燃机工业协会副会长邢敏研究员。

4月15日，中低温热能高效利用教育部重点实验室顺利通过教育部专家组验收，首任实验室主任为赵军教授，学术委员会主任为华北电力大学杨勇平教授。

5月，第二届燃料电池国际研讨会（2012 International Fuel Cell Workshop）举办，来自中国、美国、加拿大、德国、南非等的多个国际著名高校及国际著名企业的近20个研究机构代表参加了会议。

中低温热能高效利用教育部重点实验室顺利通过教育部专家组验收

7月，第四届内燃机暑期国际学校开课，来自国内的100余位研究生和企业技术人员参加了此次暑期学校，6位国际知名学者为暑期国际学校学员上课。

第四届内燃机暑期国际学校

10月2日，作为中国内燃机工业发展历程缩影的天津大学内燃机专业迎来了60岁的生日，内燃机专业成立60周年庆祝大会在天津大学体育馆隆重举行。天津大学校长李家俊，原校党委书记、校友总会常务副会长杨渝钦出席大会并致辞，1953届以来的内燃机专业历届毕业生代表600余人和在校师生代表、天津大学相关单位负责人一同参加了大会。

天津大学内燃机专业成立60周年纪念大会

10月，内燃机燃烧学国家重点实验室举办了第五届先进发动机控制国际研讨会。

第五届先进发动机控制国际研讨会

12月，尧命发教授获中国科学技术协会“全国优秀科技工作者”荣誉称号。

12月，内燃机燃烧学国家重点实验室获得天津市总工会“工人先锋号”称号。

内燃机燃烧学国家重点实验室获得天津市总工会“工人先锋号”称号

12月，天津大学能源与动力工程实验教学中心获批天津市实验教学示范中心，中心主任为天津大学副校长、副书记舒歌群教授。

内燃机燃烧学国家重点实验室全体师生合影

2013年

1月，赵华教授负责的国家重点基础研究计划项目（973项目）“基于多元燃料和新型热力学循环的内燃机燃烧理论和技术的基础研究”启动。

5月，苏万华院士应邀在第27届国际内燃机（CIMAC）大会做大会主旨报告，提出了分子重整压燃燃烧（RM-HCCI）新概念，利用发动机排气能量及电辅助加热在缸外将燃料通过高温无氧重整为小分子燃料，引入缸内实现HCCI燃烧。

7月，举办了第五届内燃机高效清洁燃烧国际研讨会，来自海内外10余个国家的100余名学者参加了这次研讨会。

第五届内燃机高效清洁燃烧国际研讨会会场

第五届内燃机高效清洁燃烧国际研讨会与会学者合影

7月，举办了第五届内燃机暑期国际学校，吸引了来自天津大学、清华大学、上海交通大学、西安交通大学、同济大学、吉林大学、华中科技大学、北京交通大学等21所高校的100多名本科生、研究生、青年教师以及企业的工程师参加学习。

第五届内燃机暑期国际学校开课

8月，内燃机燃烧学国家重点实验室通过了科技部组织的重点实验室评估，被评为“良好类”国家重点实验室，评估意见认为“实验室已成为国际知名的内燃动力工程知识创新基地，在新一代高效清洁内燃机燃烧技术研究方面达到了国际先进水平，在国际内燃机燃烧学领域处于前列”。

9月27日，承办了中国工程科技论坛第168场“内燃机节能减排技术发展战略研讨”，就我国内燃机节能减排、绿色制造、技术创新、热效率提升以及石油燃料替代展开高层次的研讨。

内燃机节能减排技术发展战略研讨

9月，谢辉教授牵头申报的“多元化教育资源协同培养能源动力类高素质创新型人才的新模式”项目和王天友教授牵头申报的“学科互融，‘三强’培养——构建高质量机械类研究生平台课的探索和实践” 项目分别获得天津市教学成果一等奖和二等奖。

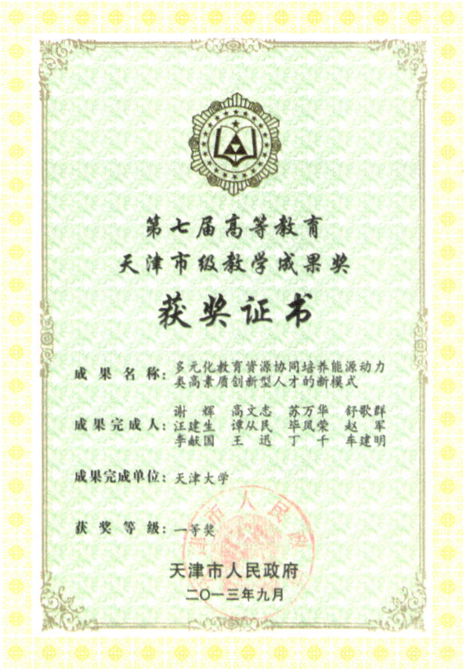

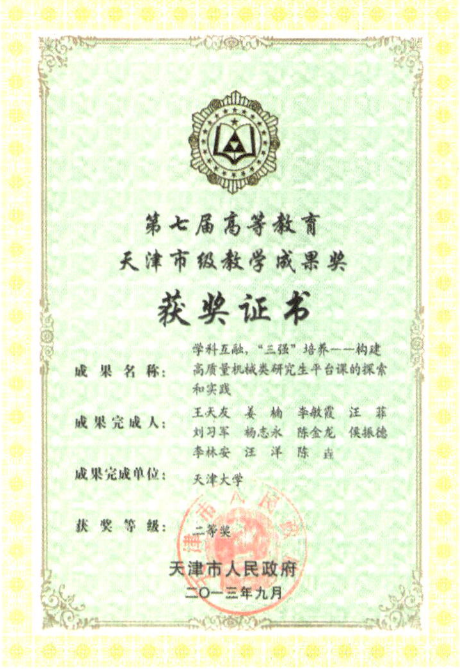

天津市教学成果奖证书

10月1日，召开了天津大学热工教研室成立60周年纪念活动，100多位校友返校参加纪念活动。

热工教研室成立60周年纪念活动留影

10月，先进发动机控制技术国际课程（AECS 2013）在天津召开，邀请了来自美国、英国、德国、瑞典、中国的7位教授就内燃机及车辆的核心系统的控制问题进行授课。

12月，“内燃动力工程学科创新引智基地”获得国家外专局和教育部滚动支持。

先进发动机控制技术国际课程开课

2014年

3月，天津大学—英飞凌汽车电子联合实验室（以下简称“联合实验室”）成立10周年纪念暨学术交流会举行，同时，成立了英飞凌微处理器培训中心。

天津大学—英飞凌汽车电子联合实验室成立10周年

4月，舒歌群教授牵头的“高效、低污染内燃动力设计理论及方法创新团队”获批科技部重点领域创新团队，尧命发教授入选科技部中青年创新领军人才。

5月，举办了第九届绿色能源国际研讨会，来自国内外的100余位学者参加了此次会议。

7月10日至17日，由天津大学内燃机燃烧学国家重点实验室主办的第六届内燃机暑期国际学校正式开课，吸引了来自天津大学、上海交通大学、北京航空航天大学、吉林大学、国防科学技术大学、哈尔滨工业大学等17所高校的100多名研究生、青年教师和来自长城等汽车企业的10余位工程师参加。正在天津大学内燃机燃烧学国家重点实验室和内燃机研究所进行科研实习的40余名本科生也参加了全部课程。

第九届绿色能源国际研讨会

7月15日至22日，组织了内燃机节能减排关键技术高级研修班，该研修班由人力资源和社会保障部支持，内燃机工业协会与重点实验室联合承办，来自全国高校、内燃机及零部件企业的共计100余名学员参加。

内燃机节能减排关键技术高级研修班

8月，外国专家Michael D. Guiver教授与天津大学签订工作合同，正式应聘到实验室工作。

9月，谢辉教授牵头申报的“协同多元化教育资源培养能源动力类国际化高素质创新型人才的熔炼模式”项目获国家级教学成果二等奖。

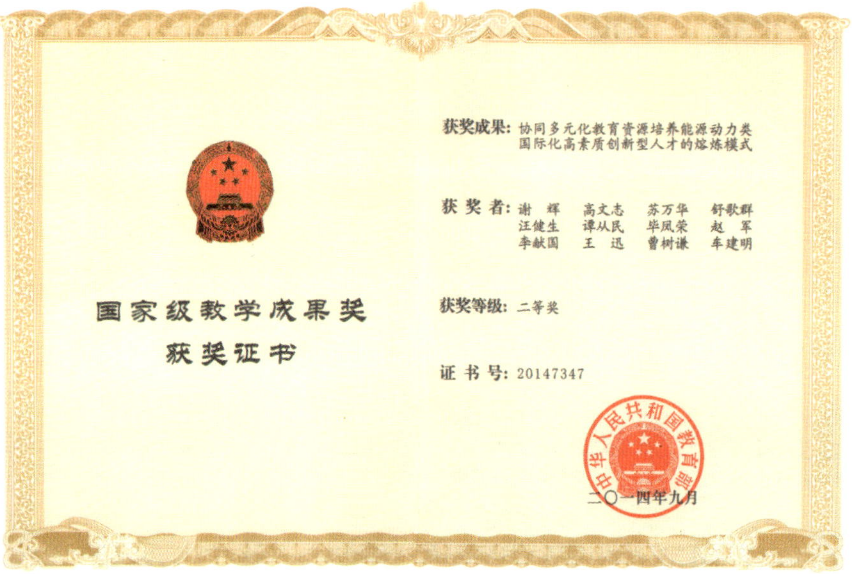
国家级教学成果奖
获奖证书
获奖成果：协同多元化教育资源培养能源动力类国际化高素质创新型人才的熔炼模式
获 奖 者：谢 辉 高文志 苏万华 舒歌群 汪健生 谭从民 毕凤荣 赵 军 李献国 王 迅 曾树谦 车建明
获奖等级：二等奖
证 书 号：20147347
中华人民共和国教育部
二〇一四年九月

国家级教学成果二等奖证书

10月，舒歌群教授牵头申报的“低噪声内燃机设计关键技术及应用”项目获得中国机械工业联合会科技成果一等奖。

12月，尧命发教授入选教育部长江学者奖励计划特聘教授。

12月，内燃机燃烧学国家重点实验室获得全国“工人先锋号”先进集体称号。

内燃机燃烧学国家重点实验室获得全国“工人先锋号”先进集体称号

2015年

1月10日，内燃机燃烧学国家重点实验室第六届学术委员会成立并召开了第一次会议，中国科学院工程热物理研究所金红光院士担任第六届学术委员会主任。

4月29日，舒歌群教授带领团队研制的无人飞机发动机TD0挂载在“彩虹3”无人机上试飞成功，标志着所开发的无人飞机发动机取得成功。

5月6日，澳大利亚皇家墨尔本理工大学(RMIT)工程系主任Aleksandar Subic教授率领的代表团访问我校，并探讨合作成立中澳汽车联合研究中心。

5月18日，天津大学北洋园校区正式启用，第34教学楼（热动力大楼）建成并开始搬迁工作。

北洋园校区第34教学楼——热动力大楼

8月，举办第六届内燃机高效清洁燃烧国际研讨会（ISCE 2015）。

第六届内燃机高效清洁燃烧国际研讨会

8月15日，与奥地利AVL公司在河南洛阳合作举办“发动机未来技术及空气管理系统论坛”。

发动机未来技术及空气管理系统论坛

10月，尧命发教授为负责人的“内燃机高效、低污染工作机理及技术研究”教育部创新团队通过验收，验收结果为优秀。

11月，王天友教授获得国家自然科学基金杰出青年基金项目“内燃机气流运动与喷雾”。

12月，赵华教授入选英国皇家工程院院士。

12月，天津大学能源与动力工程实验教学中心获批国家级实验教学示范中心。

12月，舒歌群教授牵头完成的“柴油机低噪声设计关键技术及应用”项目获得国家科技进步奖二等奖。

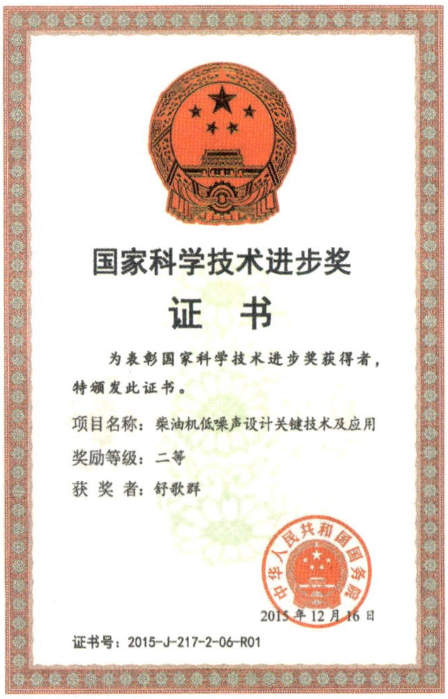
国家科学技术进步奖

证　书

为表彰国家科学技术进步奖获得者，特颁发此证书。

项目名称：柴油机低噪声设计关键技术及应用

奖励等级：二等

获 奖 者：舒歌群

中华人民共和国国务院

2015年12月16日

证书号：2015-J-217-2-06-R01

“柴油机低噪声设计关键技术及应用”项目获得国家科技进步奖二等奖

2016年

4月28日，Michael D. Guiver、尹燕教授与韩国汉阳大学Young Moo Lee教授合作，在国际顶级学术期刊*Nature*上在线发表论文，有关成功制备高温低湿条件下具有高离子电导率的自保湿碳氢聚合物离子交换膜研究，突破了限制膜性能的科学瓶颈，为燃料电池装置带来了福音。

7月23日，第七届内燃机暑期国际学校在天津大学卫津路校区第26教学楼正式开课。此次内燃机暑期国际学校共吸引了来自天津大学、北京理工大学、吉林大学、同济大学、北京工业大学、哈尔滨工业大学、哈尔滨工程大学、江苏大学等20所高校的160名研究生和青年教师，以及中船动力、北方发动机、潍柴等20多家汽车企业的120余名工程师参加。正在天津大学内燃机燃烧学国家重点实验室和内燃机研究所进行暑期实习的50余名校内外本科生也参与了相关课程的学习。

9月24日，在天津大学北洋园校区举办首届中国内燃机创新驱动持续发展论坛。

9月25日，天津大学举行座谈会隆重纪念中国科教兴国先行者、内燃机专业开拓者和奠基人、中国科学院资深院士、天津大学原校长史绍熙教授诞辰100周年，同时举办了“科教兴国先行者——纪念史绍熙先生诞辰100周年专题展”。

9月30日，内燃机国家重点实验室Michael D. Guiver教授获得“海河友谊奖提名奖”。

10月，王天友教授负责的“‘蓄内融外，协同互激’，动力工程全日制专业学位研究生创新培养模式的实践”项目获2016年中国学位与研究生教育学会研究生教育成果二等奖。

纪念史绍熙先生诞辰100周年

中国学位与研究生教育学会
研究生教育成果奖

获奖证书

获奖成果："蓄内融外，协同互激"，动力工程全日制专业学位研究生创新培养模式的实践

获 奖 者：王天友、李敏霞、舒歌群、王树新、姜 楠

获奖等级：二等奖

证 书 号：2016016

中国学位与研究生教育学会
会 长

二〇一六年十一月

研究生教育成果二等奖证书

11月，焦魁教授获批国家自然科学基金优秀青年基金项目“电化学热物理”。

11月12日，第九届先进发动机控制技术国际研讨会（AECS 2016）在津召开。

第九届先进发动机控制技术国际研讨会

11月，姚春德教授负责完成的“柴油甲醇组合燃烧技术”项目获得中国机械工业科学技术一等奖。

12月，中美清洁能源研究中心-卡车能效联盟（CERC-TRUCK）联合工作计划第一次会议在天津召开。

中美清洁能源研究中心–卡车能效联盟联合工作计划第一次会议

12月，尧命发教授负责完成的“重型柴油机欧Ⅵ关键技术及产业化”项目获得天津市技术发明一等奖。

12月28日，中国内燃机专业奠基人、史绍熙教授铜像在天津大学北洋园校区落成揭幕。

史绍熙教授铜像

2017年

3月30日，由天津市政协科技教育委员会副主席、市知识产权局局长齐成喜带队，市政协科技教育委员会课题组来内燃机燃烧学国家重点实验室进行专题调研。

天津市领导调研内燃机燃烧学国家重点实验室

5月，教育部第四轮学科评估结果公布，动力工程及工程热物理学科获A-，全国排名并列第五。

6月11日，燃料电池国际论坛（2017 International Fuel Cell Workshop）在天津顺利召开。

7月12日，第八届内燃机暑期国际学校在天津大学举办，邀请了美国、德国、日本等的5名国际知名学者为广大内燃机学生和青年科技人员开课，来自国内高校、科研院所和企业的共110余人参加了学习，同期实验室举办了对外开放活动。

9月29日，国家重点研发计划——新能源汽车重点专项 “超级节能型重型载货汽车混合动力系统开发研究”项目

国家重点研发计划“超级节能型重型载货汽车混合动力系统开发研究”项目启动会

启动会在天津举行。

10月21日，第十届先进发动机控制技术国际研讨会（AECS 2016）在津召开。

11月10日，全国政协副主席、科技部部长、中国科协主席万钢到天津大学调研。中国工程院院士苏万华教授做了商用车重型柴油机高热效率国六柴油机技术情况介绍，天津大学内燃机燃烧学国家重点实验室主任尧命发教授做了中美卡车能效联合研究计划工作汇报。

11月，苏万华院士团队完成的“高密度-低温燃烧理论和技术及其在节能国六柴油机开发中的应用”项目获得中国机械工业科学技术一等奖。

12月，王天友教授团队完成的“内燃机气流快速检测与评价技术及应用”项目获得2017年国家技术发明二等奖。尧命发教授团队完成的“新一代超低排放重型商用柴油机关键技术开发及产业化”项目获得2017年国家科技进步奖二等奖。

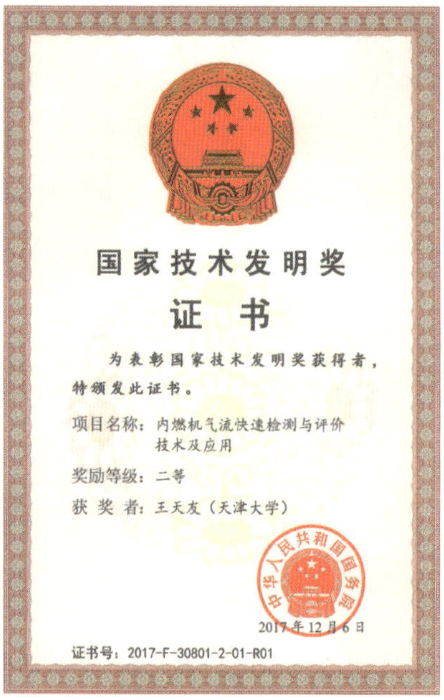

国家技术发明奖

证书

为表彰国家技术发明奖获得者，特颁发此证书。

项目名称：内燃机气流快速检测与评价技术及应用

奖励等级：二等

获 奖 者：王天友（天津大学）

2017年12月6日

证书号：2017-F-30801-2-01-R01

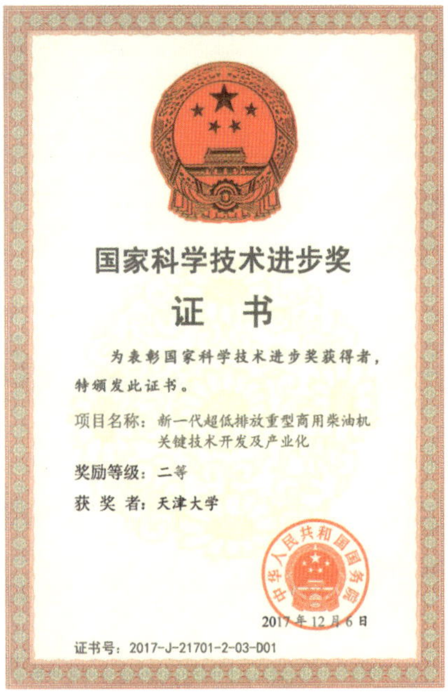

国家科学技术进步奖

证书

为表彰国家科学技术进步奖获得者，特颁发此证书。

项目名称：新一代超低排放重型商用柴油机关键技术开发及产业化

奖励等级：二等

获 奖 者：天津大学

2017年12月6日

证书号：2017-J-21701-2-03-D01

获奖证书

尧命发教授和王天友教授前往人民大会堂领取获奖证书

12月，舒歌群教授牵头完成的“大梯度余热能回收的高效底循环匹配理论与方法”获得2017年天津市自然科学一等奖。

2017年天津市科技奖励颁奖会

2018年

4月，天津内燃机研究所与江淮汽车集团有限公司合资成立天津特瑞捷动力科技有限公司。这是顺应以企业为主体、市场为导向、产学研相结合的国家技术创新体系建设要求，深化产学研合作的重要发力点。

天津特瑞捷动力科技有限公司成立仪式

6月30日，国家重点研发计划——政府间国际合作项目“提高中载及重载卡车能效关键技术中美联合研究”项目启动，舒歌群教授为项目负责人，天津大学承担了其中的3项任务。

"提高中载及重载卡车能效关键技术中美联合研究"项目启动会

7月5日，以苏万华院士为组长的《中国内燃机工业中长期发展规划》编制工作组举办柴油用内燃机规划组第一次工作会议。

7月16日，第九届内燃机暑期国际学校在天津大学举办，邀请了来自美国、德国、日本和瑞典的4名国际知名学者为广大内燃机学生和青年科技人员开课，来自国内高校、科研院所和企业的共110余人参加了学习。

8月，内燃机燃烧学国家重点实验室党支部获批天津市先进基层党组织。

8月21日，由中国工程院主办的内燃机颠覆性技术国际高端论坛（ISEF 2018）在天津举行，苏万华院士为该论坛的发起人。

内燃机燃烧学国家重点实验室党支部获批天津市先进基层党组织

内燃机颠覆性技术国际高端论坛

10月，卫海桥教授获得国家自然科学基金委杰出青年科学基金项目"内燃机爆震机理与优化控制"。

10月23日，举办中美卡车能效合作项目年度交流会议（CERC-TRUCK Annual Meeting)。

10月25日，谢辉教授团队完成的"内燃机主动抗扰智能控制关键技术与应用"项目获得中国机械工业科学技术一等奖。

11月14日，苏万华院士、舒歌群教授、尧命发教授、王天友教授获得“中国内燃机工业杰出科技创新奖”。

苏万华院士、舒歌群教授、尧命发教授、王天友教授获得“中国内燃机工业杰出科技创新奖”

11月，博士生于国鹏获得首届“中国内燃机学会优秀博士学位论文奖”一等奖。

11月30日，先进发动机控制技术国际课程（AECS 2018）在津举办。

12月18日，绿色交通发展与变革中英双边研讨会（WERT 18）在津举办。

12月，内燃动力协同创新中心被教育部认定为省部共建协同创新中心。

2019年

1月，能源与动力工程专业获批“国家级一流本科专业建设点”。

5月，天津内燃机研究所静海试验场汽车ABS道路通过工信部“汽车公告产品试验场资质”补项审核，试验场基本具备了乘用汽车整车公告检测项目全部资质。

6月13日，在第29届国际内燃机大会闭幕式上，天津大学校长、中国内燃机学会理事长、中国工程院院士金东寒，正式就任国际内燃机学会（CIMAC）新一届主席。

金东寒院士就任国际内燃机学会主席

7月15日至21日，第十届内燃机暑期国际学校在天津大学举办，邀请了来自英国、美国和意大利的4位国际知名学者和中船动力研究院的首席专家为广大内燃机学生和青年科技人员授课，来自国内高校、科研院所和企业的130余人参加了学习与交流。

第十届内燃机暑期国际学校

8月，天津大学氢能动力工程研究中心成立。该中心以内燃机研究所为主体，融合天津大学氢能动力各方面技术优势，是基础研究科研成果向工程实践、产品开发转化的平台。

天津大学氢能动力工程研究中心成立

天津大学氢能动力工程研究中心揭牌仪式

9月26日至27日，中美清洁能源联合研究中心-卡车能效联盟2019年度年会成功召开。

中美清洁能源联合研究中心-卡车能效联盟年度会议

10月24日至27日，承办的中国工程热物理学会燃烧学2019年学术年会暨国家自然科学基金燃烧项目进展交流会在津成功举办，50余位国内外著名专家学者和1 500余位来自全国高校和研究机构的专业人士参加了此次年会。

中国工程热物理学会燃烧学2019年学术年会

11月，内燃机燃烧学国家重点实验室与中国内燃机学会测试技术分会、中国北方发动机研究所柴油机增压技术重点实验室联合承办的中国内燃机学会2019年学术年会暨新材料和表面技术分会、设计与智能制造分会、基础件分会和测试技术分会联合学术年会在天津举行，对中国内燃机学会2019年“科学技术奖”获奖项目以及2019年度昆仑“突出贡献奖”“史绍熙人才奖”获奖者进行表彰。

11月，焦魁教授课题组和英国拉夫堡大学宣晋教授课题组合作的“下一代氢燃料电池发动机”项目入围IChemE(Institution of Chemical Engineer)研究项目提名奖。

Institution of Chemical Engineers

Tianjin University, China and Loughborough University, UK

Next-Gen Fuel Cell Engine

Highly Commended for the

Research Project Award

at the 2019 IChemE Global Awards

Global AWARDS 2019 IChemE

IChemE ADVANCING CHEMICAL ENGINEERING WORLDWIDE

英国IChemE获奖证书

11月，刘海峰教授获批国家自然科学基金优秀青年基金项目“内燃机部分预混低温燃烧理论与技术研究”。

11月，第十二届先进发动机控制技术国际研讨会（AECS 2019）在津召开。

12月，中低温热能高效利用教育部重点实验室换届，赵力教授任实验室主任。

12月，内燃机燃烧学国家重点实验室党支部获评“全国党建工作样板支部”。

2019年机械工程学院能源与动力工程系合影留念

2020年

1月9日，内燃机燃烧学国家重点实验室（天津大学）建成开放30周年学术报告会在天津举行。

内燃机燃烧学国家重点实验室（天津大学）建成开放30周年学术报告会

1月，与爱思唯尔（Elsevier）联合创办的 *Energy and AI* 国际期刊正式出版，中国工程院院士金东寒教授任主编，焦魁教授任副主编。

Energy and AI 创刊

1月9日至11日，成功举办第一届能源与人工智能国际会议。会议设立了10个大会报告、20个邀请报告和61个口头报告。来自中国、英国、加拿大、德国、意大利、美国、丹麦等国的学者、企业专家和学生200余人参加了会议。

第一届能源与人工智能国际会议召开

4月，作为发起单位之一，天津大学联合中国内燃机学会、中国汽车工程学会等单位共同发起成立中国发动机碳中和创新联盟，旨在落实党中央提出的实现“碳排放达峰”和“碳中和”的发展战略。中国内燃机学会理事长、天津大学校长、中国工程院院士金东寒教授为该联盟发起人。

5月，尧命发教授负责完成的“发动机燃料与新型燃烧模式协同调控机制及方法”项目获得天津市自然科学一等奖。

中国发动机碳中和创新联盟成立

6月，谢辉教授团队开发的“海河教育园区天津大学智能网联公交”常态化运行启动仪式在天津大学北洋园校区举行。两辆智能巴士参加第四届世界智能驾驶挑战赛并获得商用车应用奖，相关车联网技术入选天津市工信局评选的“天津市人工智能十大典型应用案例”。

8月，举办第十一届内燃机暑期国际学校，邀请了来自日本上智大学、福特汽车公司、冰岛雷克雅未克大学、日本丰田公司等高校、企业的7位专家做报告。来自国内外高校、企业及研究院所的近2 000人次参加了线上学习。

8月，天津大学内燃动力科普基地和热科学学科普培训基地获批天津市科普基地。

8月，赛迪环保杯第十三届全国大学生节能减排社会实践与科技竞赛决赛在重庆大学举行。受疫情影响，本次活动采用线上答辩的方式。我校学子在本次竞赛中表现优异，获得全国节能减排大赛特等奖1项、一等奖2项、二等奖3项和三等奖4项。

10月，尧命发教授负责完成的“重型天然气发动机稀释快速高效燃烧技术开发及应用”项目获得中国机械工业技术发明一等奖。王浒研究员完成的“高预混压燃低温燃烧动力学模型和燃烧机理研究”项目获得中国内燃机学会自然科学一等奖。

11月，田华教授获批国家自然科学基金优秀青年基金项目“内燃机余热回收热力循环”。

11月，天津内燃机研究所获得中国内燃机工业协会“卓越企业”荣誉称号。

“卓越企业”获奖证书

11月，教育部公布了工程研究中心评估结果，轻型动力教育部工程研究中心年度评估结果为优秀。

2020年度教育部工程研究中心评估

12月，牵头成立中国内燃机学会内燃动力智能技术分会：委员单位118家，包括国内外51所高校及研究院所、28家整机和整车厂以及39家零部件企业，覆盖完整的内燃机行业上下游产业链。超过11万人次参加了分会的第一届学术年会。

中国内燃机学会内燃动力智能技术分会成立

2021年

3月3日，内燃机燃烧学国家重点实验室召开高质量发展研讨会，围绕推动重点实验室高质量发展展开专题研讨。中国工程院院士、天津大学校长金东寒，中国工程院院士、天津大学教授苏万华出席研讨会。党办校办、人事处、教务处、科研院、机械学院、化工学院、环境学院、内燃机研究所相关负责同志以及重点实验室全体人员参加会议。

内燃机燃烧学国家重点实验室高质量发展研讨会

5月15日，成功主办第七届热力学与能源利用青年学术论坛暨高效热力循环及能量综合利用研讨会。来自国内110家单位的380余名热力学与能源利用领域青年科研工作者参加了此次会议。

第七届热力学与能源利用青年学术论坛暨高效热力循环及能量综合利用研讨会

5月19日，举行了“中国内燃机工业协会人才培养基地”揭牌仪式和“内燃机高功效、低排放核心技术高级研修班”开班典礼。中国内燃机工业协会秘书长邢敏和天津大学机械工程学院院长王天友为基地揭牌，本次培训班共有来自全国重点行业企业的学员39人，研修内容包括技术研讨、政策讲解以及实验室参观等。

5月21日，谢辉教授团队开发的智能网联巴士参加第五届世界智能驾驶挑战赛（WIDC），并获得2021 WIDC“华为杯”极限挑战赛金奖。

7月，焦魁教授在 *Nature* 发表了篇幅达9页的展望文章，为新一代超高功率密度燃料电池发动机理论与设计指明了发展方向。

7月，成功举办第十三届绿色能源国际研讨会，来自全世界11个国家和地区的近410名专家学者通过线上方式参加了会议。

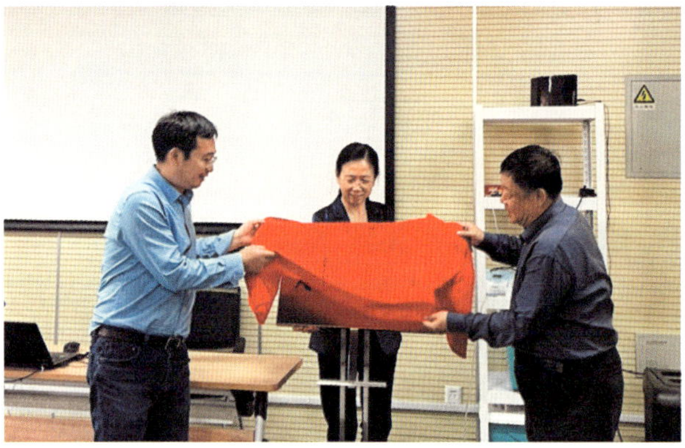

邢敏秘书长和王天友院长为人才培养基地揭牌

谢辉教授带队参加2021 WIDC“华为杯”极限挑战赛并获金奖

9 月，由田华教授担任首席科学家的国家重点研发计划科技冬奥专项“制冰机研发及应用示范”启动会在北京召开。

9月24日，为中国汽车技术研究中心量身打造的中汽中心“引航计划”专业能力提升研修班在中汽中心多功能厅顺利开班，中汽中心党委书记、董事长安铁成和天津大学党委副书记赵美蓉及天津大学机械工程学院院长王天友等出席开班仪式。本次研修班历时4个月，通过传统产业转型升级和科技提升、全球变革新兴产业、综合管理能力提升、宏观形势与商业热点、素质拓展实践教学等5个模块16门核心课程促进中汽中心打造高素质人才队伍，实现人才强企战略。

中汽中心“引航计划”开班

10月，焦魁教授等完成的“先进车用低碳动力装置的电化学热物理过程理论及仿真方法”获中国内燃机学会自然科学奖一等奖。

10月29日，天津大学内燃机燃烧学国家重点实验室主任、副主任聘任会议在北洋园校区举行。党委常委、副校长元英进宣布了国家重点实验室主任等人员的聘任人选。中国工程院院士、天津大学校长金东寒任国家重点实验室主任，王天友任执行主任，祖炳锋、李云强、田华任副主任。

金东寒院士任内燃机燃烧学国家重点实验室主任

10月， 2021中国车辆控制与智能化大会(CVCI 2021)暨中国内燃机学会内燃动力智能技术分会第二届学术年会（CITICE 2021）以线上形式召开。来自中国、美国、英国、瑞典、新西兰和日本6个国家的37位行业专家做特邀报告，来自全球33个城市的200余名注册参会人员， 7 000多名观众通过直播平台收看了会议，累积60 000余人次，会议规模创历史新高。

11月，舒歌群教授等完成的“内燃机复合循环理论与方法”获2020年国家自然科学二等奖，实现历史上的突破。

11月18 日，赵华教授当选中国工程院外籍院士。

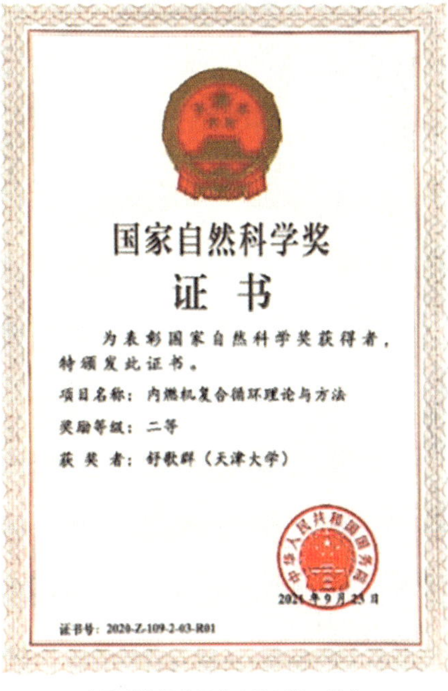
国家自然科学奖

证 书

为表彰国家自然科学奖获得者，特颁发此证书。

项目名称：内燃机复合循环理论与方法

奖励等级：二等

获 奖 者：舒歌群（天津大学）

中华人民共和国国务院

202[illegible]年9月23日

证书号：2020-Z-109-2-03-R01

舒歌群教授获国家自然科学二等奖

赵华教授当选中国工程院外籍院士

11月20日，高文志教授带领的“内燃机专业课程教学团队”获评天津市级教学团队。

12月，舒歌群教授等完成的“轻型汽油动力高强化、高品质关键技术及应用”获天津市技术发明一等奖。

12月，中国内燃机工业协会换届，天津内燃机研究所当选副会长单位。

内燃机专业课程教学团队

2022年

2月14日，教育部、财政部、国家发展改革委联合发布通知，公布第二轮“双一流”建设高校及建设学科名单，天津大学动力工程及工程热物理学科入选一流学科建设名单。

4月14日，全球性信息分析公司爱思唯尔正式发布了2021年度“中国高被引学者”(Highly Cited Chinese Researchers) 榜单。内燃机燃烧学国家重点实验室共有7位学者入选，分别是舒歌群教授、尧命发教授、姚春德教授、焦魁教授、田华教授、刘海峰教授以及Michael D. Guiver 教授。

6月，内燃机燃烧学国家重点实验室党支部顺利通过第二批“全国党建工作样板支部”建设单位验收。

6月，“六百光年杯”第十五届大学生节能减排社会实践与科技竞赛会评工作在天津海河假日酒店举办，来自全国的近百位专家齐聚津门。本次大赛由天津大学承办，共收到节能减排作品6 200余件，参赛高校600余所，迄今为止，创节能减排大赛历届之最。

6月，2022世界智能驾驶挑战赛以线上线下相结合的形式举行。天津大学智能驾驶车队在智能网联挑战赛（实车）项目中蝉联金奖，在智能驾驶仿真赛项目中斩获银奖，并被大赛组委会选中作为表现突出车队分享车辆设计经验。自2017年以来，天津大学无人驾驶汽车交叉研究中心谢辉教授和宋康副教授连续六年带队参加WIDC，共获得算法仿真赛金奖、极限挑战赛金奖、智能网联挑战赛金奖等18个奖项。

“六百光年杯”第十五届大学生节能减排社会实践与科技竞赛

智能驾驶车队在无人驾驶公交车前合影

6月24日，天津大学与无锡市政府全面合作协议签约仪式举行。无锡市委书记杜小刚，中国工程院院士、天津大学校长金东寒，无锡市市长赵建军等出席签约仪式。无锡惠山经济技术开发区与天津大学签署了共建 “天津大学无锡研究院”合作协议，天津大学校长金东寒和无锡市市长赵建军共同为“天津大学无锡研究院”揭牌。天津大学无锡研究院落户无锡惠山经济技术开发区，作为天津大学在无锡开展科技创新、技术转移、产学研合作、人才引进与培养活动的重要基地和窗口，将带动无锡区域创新能力和水平的提升，统筹天津大学在长三角的科研合作和创新资源，积极参与江苏省实验室等重大科技平台的建设，助力区域产业经济发展，服务长三角一体化国家战略。

天津大学与无锡市政府全面合作协议签约仪式

7月15日，由天津大学机械工程学院承办的中汽中心“科技精英培育计划”科研管理能力提升研修班在中汽中心顺利开班。天津市科技局二级巡视员刘惠忠，中汽中心党委委员、副总经理吴志新，天津大学校长助理刘宁，中汽中心战略规划与科技创新部总经理朱向雷，天津大学机械工程学院院长王延辉以及参训学员200余人参加了开班仪式。

中汽中心“科技精英培育计划”科研管理能力提升研修班合影

8月1日至8日，第13届天津大学内燃机国际暑期课堂与专业技术人才知识更新工程国家级高级研修班联合开班，以“双碳目标下的内燃机高功效、低排放核心技术”为主题，邀请了来自美国普渡大学、德国IAV、瑞典查尔姆斯理工大学、北京理工大学、德国曼恩公司、德国FEV、奥地利AVL等国内外知名高校、研究机构的9位专家学者，面向国内外高校师生、企业及研究院所的技术人员免费授课。

8月2日至5日，“六百光年杯”第十五届全国大学生节能减排社会实践与科技竞赛决赛在津举行。来自天津大学、清华大学、哈尔滨工业大学、浙江大学等全国117所高校的247件作品经推荐进入决赛，争夺桂冠，天大学子以出色的表现，最终斩获特等奖1项、一等奖7项、二等奖3项、三等奖3项，并荣获优秀组织奖。同时，会上发布了第二届全国能源动力类专业优秀本科毕业论文（设计）评选结果，共计104篇论文被评为全国优秀毕业论文，我校有两篇，指导教师分别为尧命发教授和蒋浩然教授。

“六百光年杯”第十五届全国大学生节能减排社会实践与科技竞赛

8月26日，科技部中国科学技术交流中心组织召开了国家重点研发计划——政府间国际科技创新合作重点专项项目“提高中载及重载卡车能效关键技术中美联合研究”综合绩效评价会。会议在集成示范单位潍柴动力股份有限公司所在地——山东省潍坊市召开。

综合绩效评价会

项目负责人舒歌群教授汇报了项目总体完成情况。舒教授从项目研究背景与思路、项目指标的完成情况、项目成果及效益、国际合作与交流、项目组织管理、项目经费执行情况等方面进行了汇报。

专家组审议了项目提交的综合绩效评价材料，听取了项目负责人的汇报，经过提问、质询以及现场核查，一致认为项目达到了预期研究目标和考核指标。专家一致同意本项目通过综合绩效评价。

舒歌群教授汇报项目总体完成情况

9月，焦魁教授获批国家自然科学基金杰出青年基金项目“燃料电池水热管理”，潘家营获批国家自然科学基金优秀青年科学基金项目“内燃机宽工况燃烧机理与调控”。

9月9日，中汽中心“引航计划”专业能力提升班（第二期）在中汽中心主楼第二会议室顺利开班，中汽中心人力资源部总经理龚进峰、天津大学机械工程学院副院长刁海、中汽中心人力资源部人才发展室经理周宪以及本期65名参训学员参加开班仪式。

中汽中心“引航计划”专业能力提升班开班

9月16至21日，第13届中国大学生方程式汽车系列赛事在安徽合肥举办。天津大学北洋动力车队在燃油方程式中获全国一等奖；电动方程式首次参赛即获得蔚来新秀奖。

方程式赛车团队

团队获得蔚来新秀奖

10月10日，美国斯坦福大学发布了2022年全球前2%顶尖科学家榜单（World's Top 2% Scientists 2022)。本学科共有21名学者入选本期全球前2%顶尖科学家“年度影响力”榜单，11名学者入选本期全球前2%顶尖科学家“终身科学影响力”榜单。

11月22日，国家重点研发计划——政府间国际科技创新合作重点专项“提高中载及重载卡车能效关键技术中美联合研究”II期项目启动暨实施方案论证会在线召开，项目启动环节由王天友教授主持，实施方案论证环节由黄震院士主持。项目负责人舒歌群教授从项目的研究背景、研究目标和内容、实施方案、进度安排以及项目的组织管理机制等方面进行了详细汇报。

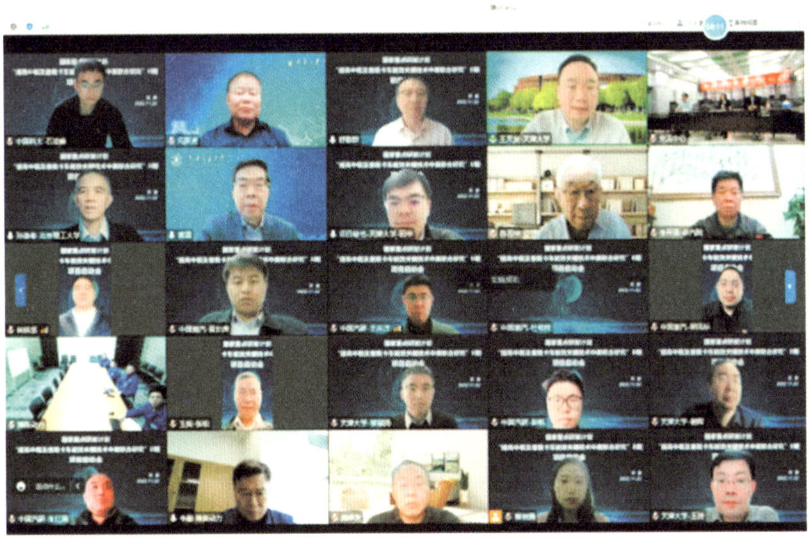

II 期项目启动暨实施方案论证会

“提高中载及重载卡车能效关键技术中美联合研究” II期项目于2022年6月立项，项目总经费近亿元。项目下设4个方向15个任务，由天津大学牵头，集结了清华大学、同济大学、上海交通大学、中国科学技术大学等高校，联合了潍柴动力、广西玉柴、中国重汽、中国汽研等行业龙头单位，涵盖了产学研全链条科研和产业力量。项目在中美清洁能源联合研究中心（CERC）的框架下，基于中美 CERC-TRUCK 联盟签署的合作研究协议，开展以工程样机和演示样车开发为目标的中美合作研究，对推动我国卡车行业的技术发展以及参与国际前沿技术竞争具有引领作用。

12月13日，天津市教育委员会正式公布了2022年天津市级教学成果奖评审结果，高文志教授牵头申报的“智能化时代能源动力专业多元教学场景构建与实践”获本科教学成果特等奖，谢辉教授牵头申报的“面向‘智能+’多学科人才培养的‘智能熔炼，五乐并举’实践创新乐园建设”获本科教学成果一等奖，王天友教授牵头申报的“‘以研引源、以制强质、以融促创’的特色博士生培养体系探索与实践”获研究生教学成果一等奖。

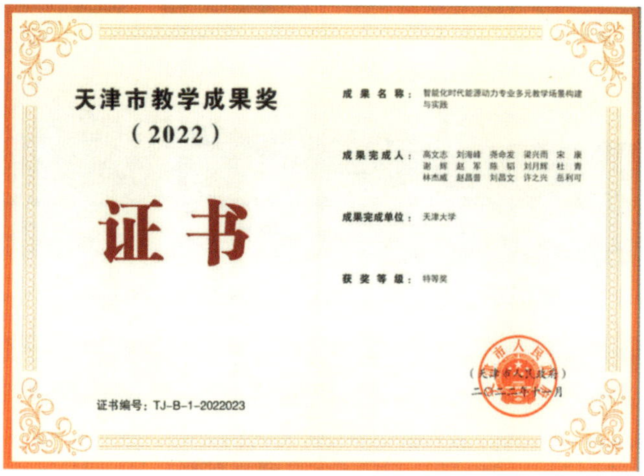

本科教学成果特等奖

2023年

1月19日，内燃机燃烧学国家重点实验室2022年度学术委员会会议在天津大学卫津路校区第一会议室举行，会议以线上线下相结合的方式召开。天津大学副校长、实验室执行主任王天友代表实验室做工作报告，就科研组织与重要进展、队伍建设与人才培养、运行管理与开放交流、存在的主要问题和工作计划等内容进行了汇报。学术委员会审议了2022年度工作报告，对实验室本年度各方面工作给予充分肯定，一致认为实验室聚焦国家重大需求，围绕内燃机行业自主创新，积极有效推进有组织科研，着力打造科研和人才高地，取得了一系列标志性成果，对国家内燃机行业的科技进步做出了重大贡献。

王天友副校长做工作报告

3月16日，天津大学无锡研究院（简称“研究院”）第一届理事会第一次会议在无锡惠山顺利召开。天津大学党委常委、副校长王天友，无锡市科技局党组书记、局长赵建平，无锡市惠山区人民政府副区长虞洁等出席会议。会议审议通过了第一届理事会名誉理事长、理事长、副理事长以及理事人选，任命了研究院领导班子主要成员，审议通过了章程、工作报告和财务预算报告等议案。天津大学无锡研究院是天津大学和无锡市政府共建的新型研发机构，核定事业单位名称是无锡先进内燃动力技术创新中心。研究院面向国家战略、地方产业发展需要，聚焦内燃机、储能技术、智能制造、新能源汽车等产业方向，广泛集聚全球顶尖人才团队，开展技术研发、检测认证、科技金融、人才培养、技术转移、企业孵化等业务，构建具有国际影响力的人才聚集平台、应用研究和转化平台。

无锡先进内燃动力技术创新中心第一届理事会第一次会议

3月28日，爱思唯尔发布了2022“中国高被引学者”（Highly Cited Chinese Researchers)榜单，焦魁、刘海峰、田华、尧命发、姚春德、赵力、Michael D. Guiver共7位学者入选。

4月，内燃机燃烧学国家重点实验室通过科技部组织的重组评估，正式更名为先进内燃动力全国重点实验室。

4月4日上午，天津大学机械工程学院与烟台龙源电力技术股份有限公司合作签约仪式在北洋园校区37楼举行，之后，天津大学—烟台龙源低碳燃烧工程技术联合研究中心在低碳燃烧工程技术校企联合实验室揭牌。

低碳燃烧工程技术联合研究中心揭牌仪式

6月5日，天津市教育委员会公布了第二批天津市高校服务产业特色学科群建设名单，动力工程及工程热物理学科牵头建设的先进零碳能源动力学科群入选。

6月12至15日，第30届国际内燃机大会（CIMAC）在韩国釜山召开，中国工程院院士、天津大学校长、国际内燃机学会主席金东寒带领115名中国代表团成员参加了大会，会议共吸引了27个国家的750余名代表参加，中国代表团注册人数在所有代表团中位列第二。本届大会共征集论文摘要675篇，录用248篇（宣读217篇、墙报展示31篇），其中中国论文69篇（宣读44篇、墙报展示25篇）。马孟昊、鲁祯、卢天龙等的论文“Effects of in-cylinder flow on natural gas mixing and combustion process in a dual-fuel engine”获得大会最佳墙报论文奖，这是中国论文作者自该学会成立70多年来首次在CIMAC大会获奖。

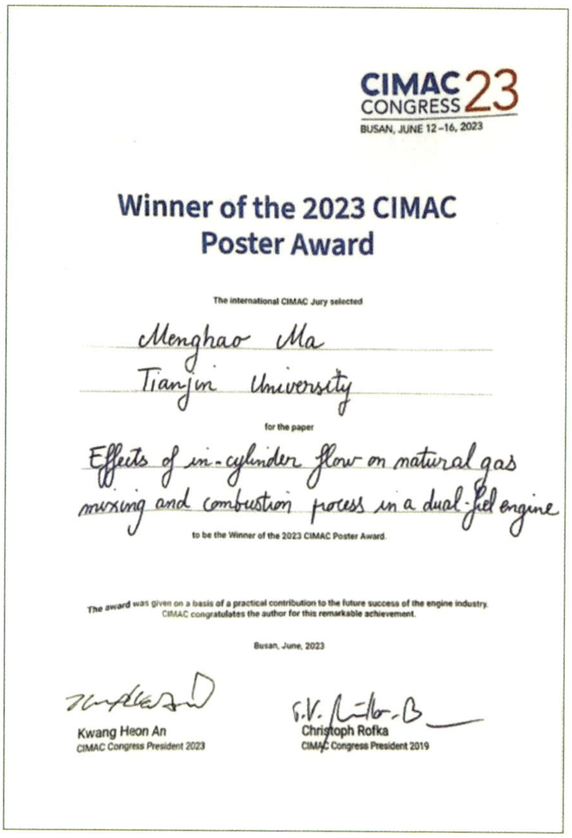

马孟昊、鲁祯、卢天龙等的论文获得大会最佳墙报论文奖

6月24日，吕灿仁教授百年华诞暨天津大学热工教研室成立七十周年庆典活动在天津大学卫津路校区科学图书馆一层报告厅举行。活动以座谈会形式在线上线下同步进行，深情回顾了吕灿仁先生的学术成就，弘扬了吕灿仁先生的治学精神，同时在天津大学热工教研室成立七十周年之际，表达了对以吕灿仁先生为代表的热工先驱们的深情追忆和高度赞誉。

7月21至23日，2023年传热学暑期国际培训课程在天津大学北洋园校区成功举办，来自日本东北大学、东京工业大学的多位学者围绕传热学及相关领域前沿热点问题进行授课，吸引了来自西安交通大学、浙江大学、中国科学院大学等高校以及一汽解放、本田等企业的共计80余名青年教师、研究生及工程技术人员参加线下课程学习。

吕灿仁教授百年华诞暨天津大学热工教研室成立七十周年庆典

2023年传热学暑期国际培训课程学员合影

7月21日，天津大学无锡研究院科创载体启用仪式在无锡市惠山区举行，中国工程院院士、天津大学校长金东寒，无锡市惠山区委常委、惠山经开区党工委书记、管委会主任孟栋等共同为科创载体揭幕，新启用的科创载体面积近2 000平方米，满足办公、研发、投资商谈、知识产权服务、展厅展示等多样化需求。科创载体的启用标志着研究院建设已经进入快车道，将有力地推动项目研发和成果孵化，引育更多高层次人才。

天津大学无锡研究院科创载体启用仪式

7月24日，天大智能驾驶车队在2023世界智能驾驶挑战赛中取得一金一银的佳绩。车队目前拥有3辆取得自动驾驶测试牌照的智能网联巴士，28千米取得测试牌照的智能网联道路和2万平方米校内自动驾驶试验场。车队自成立以来，已经连续七年在世界智能驾驶挑战赛和智能网联汽车大赛中摘金夺银，获得多个重量级奖项。

2023世界智能驾驶挑战赛颁奖典礼

7月24日，教育部公布了2022年高等教育国家级教学成果奖，天津大学以第一完成单位获奖的项目共计27项，位列全国高校榜首。其中，金东寒校长主持的“新工科教育”项目获得本科教学成果特等奖，王树新教授牵头申报的“‘交叉融合、鼎新革故’机械大类新工科创新人才培养天大模式实践”项目获本科教学成果一等奖，高文志教授牵头申报的“智能化时代能源动力专业多元教学场景构建与实践”项目获得本科教学成果二等奖。

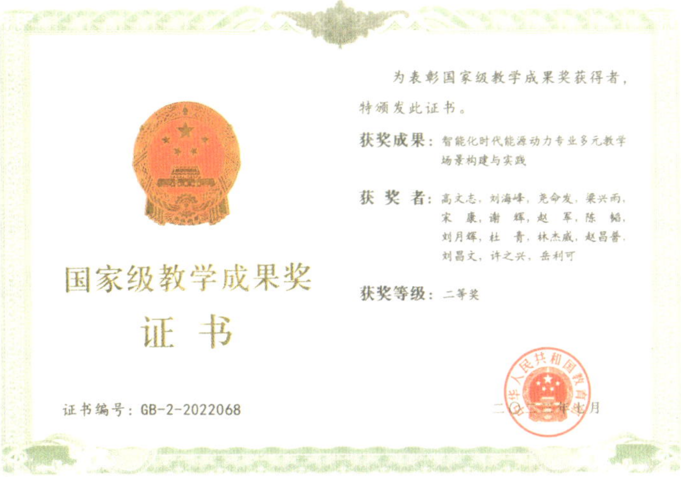
国家级教学成果奖

证书

为表彰国家级教学成果奖获得者，特颁发此证书。

获奖成果：智能化时代能源动力专业多元教学场景构建与实践

获奖者：高文志，刘海峰，尧命发，梁兴雨，宋康，谢辉，赵军，陈韬，刘月辉，杜青，林杰威，赵昌普，刘昌文，许之兴，岳利可

获奖等级：二等奖

证书编号：GB-2-2022068

中华人民共和国教育部

二〇二三年七月

2022年高等教育国家级教学成果奖

8月7日至11日，先进内燃动力全国重点实验室成功举办第十四届先进内燃动力国际暑期学校，邀请英国布鲁内尔大学赵华院士、加拿大滑铁卢大学李献国院士、日本广岛大学西田教授、日本上智大学申铁龙教授、沙特阿卜杜拉国王科技大学Thibault Guiberti教授、英国萨里大学宣晋教授、英国帝国理工学院王慧至教授和德国IAV公司Reza REZAEI教授8位国际知名学者进行授课。国际暑期学校自2009年至今已连续成功举办十四届，为国内高校、研究机构、相关企业的近200名工程技术人员、青年教师以及研究生提供了与国际一流专家面对面交流学习的宝贵机会，在学科和行业内树立了良好的口碑。

2023年先进内燃动力国际暑期学校

8月21日，国家专业技术人才知识更新工程——新能源汽车领域卓越工程人才技术赋能高级研修班在天津大学卫津路校区远教大楼开班。“新能源汽车领域卓越工程人才技术赋能高级研修班”入选人力资源社会保障部“专业技术人才知识更新工程2023年高级研修项目计划”，是2023年我校唯一入选项目，并获得国家财政支持。

8月28日，第十六届全国大学生节能减排社会实践与科技竞赛决赛在东南大学举行，我校最终获得特等奖1项、一等奖4项、二等奖5项，同时荣获优秀组织奖。

9月，为庆祝学科专业成立70周年，能源与动力工程系举办一流学科建设暨学科发展70周年系列论坛，论坛主题包括青年教职工发展、科学研究、教材建设与教学能力提升，并邀请国内外10余位专家开展讲座，论坛从9月持续到12月底。

9月13日，中船动力集团董事长、党委书记李琤代表公司向我校捐赠了一台发动机模型，该类型发动机系我校在低速机创新工程一期项目与动力集团联合开发的新机型，天津大学党委副书记韩庆华代表学校接受了捐赠。此次活动的举办，标志着双方在内燃动力领域的合作迈上了新的台阶。

中船动力集团向我校捐赠了一台发动机模型

9月20日，面向双碳目标的先进动力排放核心技术高级研修班在天津大学成功举办，该研修班由我校和中国内燃机工业协会共同组织，参训学员主要来自潍柴、玉柴、中汽研等20余家单位，研修内容包括：先进内燃机颗粒物排放控制技术、机动车排放标准发展现状及下阶段趋势、双碳背景下的内燃机后处理技术、碳中和燃料的燃烧排放控制技术、柴油机国七排放控制技术等。

10月，由先进内燃动力全国重点实验室舒歌群教授主持承担的国家重点研发计划——政府间国际科技创新合作重点专项“提高中载及重载卡车能效关键技术中美联合研究”II期项目中期检查会在广西南宁顺利召开。该项目实施周期为2022年6月至2024年5月，项目总经费近亿元。项目下设4个方向15个任务，由天津大学牵头，组织了清华大学、同济大学、上海交通大学、中国科学技术大学等高校，以及潍柴动力、广西玉柴、中国重汽、中国汽研等行业龙头单位，涵盖了产学研全链条科研和产业力量。项目在中美清洁能源联合研究中心的框架下，基于中美 CERC-TRUCK 联盟签署的合作研究协议，开展以工程样机和演示样车开发为目标的中美合作研究，对推动我国卡车行业的技术发展以及参与国际前沿技术竞争具有引领作用。

10月14日，2023中国机械工程学会年会暨2023年度机械工业科学技术奖颁奖典礼在大连举行。由天津大学牵头完成的“内燃机振动噪声控制关键技术及应用”项目荣获科技进步奖一等奖，张俊红教授出席会议并代表团队接受颁奖。

10月25日，2023年“中国汽车工程学会科学技术奖”正式公布并举行颁奖典礼，先进内燃动力全国重点实验室焦魁教授团队完成的“车用燃料电池全流程正向设计的高效高精度仿真技术及应用”项目荣获技术发明奖一等奖奖项，焦魁教授参加会议并代表团队接受颁奖。

10月26日，为贯彻落实国家实验室体系对全国重点实验室的整体要求、厘清全国重点实验室相关管理运行机制、全面推进有组织科研工作的开展，先进内燃动力全国重点实验室与北大纵横咨询公司合作开展管理咨询项目，启动会在天津大学北洋园校区召开，天津大学校长、实验室主任金东寒出席会议。

11月7日，奥地利颜巴赫公司商业战略总监Markus Strömich-Jenewein一行5人到访实验室，其间参观了智能驾驶、燃料电池、激光诊断、氨发动机、公共台架、氢发动机等多个试验间。参观后，实验室与颜巴赫公司举行了合作研讨会。双方分别介绍了各自单位的基本情况和研究基础，围绕气体机排放控制技术、氢/氨/甲醇等净零碳燃料燃烧技术展开了交流讨论，为后期实质性合作打下良好基础。

奥地利颜巴赫公司商业战略总监等人参观实验室

11月10日，中国内燃机学会2023交通能源与智能动力大会、2023先进汽车动力系统国际学术会议在天津举行。大会邀请了13位国内外知名专家做主旨报告和主题报告，20位专家在5个分会场做邀请报告。大会收到论文181篇,其中中文151篇, 英文30篇，宣读98篇。来自8个国家的400余位专家、学者、工程技术人员及研究生代表参会。

中国内燃机学会2023交通能源与智能动力大会、2023先进汽车动力系统国际学术会议

11月25日，中国内燃机学会2023年度科学技术奖正式公布并举行颁奖典礼，先进内燃动力全国重点实验室刘海峰、岳宗宇、郑尊清、王浒、唐青龙五位老师完成的“内燃机分层低温燃烧理论与控制方法”项目荣获自然科学奖一等奖。

2024年

1月5日，先进内燃动力领军人才高级研修班在天津大学举行结业仪式。中国内燃机工业协会常务副会长兼秘书长邢敏、天津大学副校长王天友、天津大学机械工程学院党委书记孙月海、天津大学机械工程学院副院长刁海、中国内燃机工业协会副秘书长贾滨、中国内燃机工业协会进排气分会秘书长赵明好、中国内燃机工业协会增压器分会秘书长花琳、中国内燃机工业协会小汽油机分会秘书长丁倩岚出席了结业仪式。天津大学先进内燃动力领军人才高级研修班第一期学员有：闫方超、魏纲、赵晓东、章升谊、龚道培、李廉枫、孙友银、刘祥宝、吴伟、邓猛、麻津源、陈威烨和薛家庆。

1月18日，天津大学机械工程学院动力工程及工程热物理学科成功举办了2023年度工作总结表彰大会暨新年联欢会，集中展示了过去一年学科建设取得的丰硕成果，同时以丰富多彩的艺术表演彰显了师生们的多元才情与青春活力。机械工程学院党委书记孙月海、副院长邓帅、党委副书记林杰威、学科主任梁兴雨、先进内燃动力全国重点实验室副主任李云强以及学科教师及研究生共150多人参加本次联欢会。

1月19日，“国家工程师奖”表彰大会在京召开，大会对81名“国家卓越工程师”和50个“国家卓越工程师团队”进行了表彰。这是我国工程技术领域的最高荣誉，为的是表彰工程技术领域先进典型，激发引领广大工程技术人才，埋头苦干、勇毅前行，做出新的更大贡献！两位校友被授予“国家卓越工程师”称号，分别为山东重工集团有限公司党委书记、董事长、总经理谭旭光和广西玉柴机器股份有限公司总工程师、工程研究院院长林铁坚。

谭旭光

林铁坚

1月20日，先进内燃动力全国重点实验室2023年度学术委员会会议在天津大学北洋园校区第34教学楼举行。学术委员会名誉主任苏万华院士，主任黄震院士，副主任赵天寿院士、毛明院士，以及金东寒院士、张久俊院士、舒歌群教授等委员出席本次会议，中国工程院院士、实验室学术委员会主任黄震主持会议。学术委员会就实验室未来发展进行深入讨论，与会专家在实验室队伍建设、重点项目方向、科研组织方式等方面提出了有建设性的意见，希望实验室在保持原有优势的基础上，加强低碳化、智能化等新方向布局与人才引育，深化多学科交叉，拓展研究领域和研究链条，为长期可持续发展奠定坚实基础。

先进内燃动力全国重点实验室（天津大学）2023年度学术委员会会议

2月25日，第一届零碳发动机与燃料研究前沿国际研讨会在线上成功举办。此次研讨会由天津大学先进内燃动力全国重点实验室联合中国内燃机学会、英国伦敦布鲁内尔大学和MDPI出版社共同举办，邀请了来自天津大学、华中科技大学、山东大学、西安交通大学、清华大学、上海交通大学、大连理工大学、北京理工大学、中南大学、东北大学、香港理工大学、英国伦敦大学学院、巴斯大学、诺丁汉大学、布鲁内尔大学、爱尔兰高威大学、巴西圣玛利亚联邦大学等国内外知名高校的17位专家学者，面向国内外高校师生、企业及研究院所的技术人员开展线上学术报告。

3月，天津大学联合中国汽车技术研究中心、中国联通和北方大数据交易服务中心等56家科研院所及企事业单位共同成立智能网联数据联合体，致力于创新智能网联数据应用理论，创新智能网联数据应用场景，开发智能网联数据产品，推动智能网联数据全生命周期价值链、技术链和产业链融合，推动数据交易规模化，激发智能网联产业活力，推动京津冀地区数字经济高质量发展。

智能网联数据联合体成立

3月27日，爱思唯尔正式发布2023“中国高被引学者”（Highly Cited Chinese Researchers)榜单。本次上榜共计5 801人，他们来自496所高校、企业及科研机构，覆盖了10个教育部学科领域和84个一级学科。天津大学共有75位学者上榜，其中先进内燃动力全国重点实验室焦魁、刘海峰、Michael D. Guiver、田华、尧命发、姚春德、赵力7位学者入选“动力工程及工程热物理”学科领域榜单。

4月19日，由天津大学牵头，六家全国重点实验室成立内燃动力全国重点实验室联盟，联盟揭牌仪式在天津大礼堂举行。该联盟由天津大学先进内燃动力全国重点实验室、内燃机与动力系统全国重点实验室、智能农业动力装备全国重点实验室、先进船舶发动机技术全国重点实验室、车用动力系统全国重点实验室、多栖平台驱动系统技术全国重点实验室这六家全国重点实验室强强联合。联盟的成立旨在服务国家“双碳”目标，促进我国内燃动力高质量发展，搭建协同创新平台，联合攻关内燃动力“卡脖子”技术难题，共谋内燃机更加绿色、可靠、智能、高效的产业发展之路。

内燃动力全国重点实验室联盟揭牌仪式

4月19日，在2024世界内燃机大会召开之际，天津大学机械工程学院举办了内燃机行业校友会沙龙活动。中国科学技术大学党委书记舒歌群、天津大学副校长王天友、青海民族大学副校长尧命发、沈阳航空航天大学副校长卫海桥，姚春德、赵军、谢辉、高文志、祖炳锋、林志强、林杰威、梁兴雨、刘海峰等专业老师，以及来自全国各地来津参加世界内燃机大会的100多名校友在天津齐聚一堂，共同回忆青春岁月，共同见证母校的辉煌成就，探讨先进内燃动力的技术创新，共谋行业绿色零碳智能发展。

天津大学机械工程学院内燃机行业校友会沙龙活动

4月26日，天津大学-海河中学智能网联研学实践基地签约仪式在天津大学先进内燃动力全国重点实验室大会议室举行。天津大学谢辉教授与海河中学蒋倩校长作为双方代表共同签署战略合作协议并进行“天津大学-海河中学智能网联研学实践基地”授牌。天津大学智能网联汽车科普基地的成立，将为推动智能网联汽车技术的发展和应用做出积极贡献。

4月27日，天津大学作为项目牵头单位承担的国家重点研发计划“氢能技术”重点专项“质子交换膜燃料电池电堆单元伏安性能设计仿真软件研发”启动会暨实施方案论证会在津召开。该项目于2023年12月立项，项目参与单位包括天津大学、西安交通大学、上海交通大学、武汉理工大学、同济大学、上海捷氢科技股份有限公司、中汽数据（天津）

重点研发计划“质子交换膜燃料电池电堆单元伏安性能设计仿真软件研发”启动会暨实施方案论证会

有限公司、上海治臻新能源股份有限公司、中国船舶集团有限公司第七一二研究所及中国科学院软件研究所总计10家单位，负责人为焦魁教授。

5月10日，首届全国大学生职业规划大赛总决赛在上海顺利举行。2020级博士生冯展宇荣获首届全国大学生职业生涯规划大赛银奖，他也于同日荣获天津大学第三十届“十佳杰出青年（学生）”称号。

5月，2023年度天津市科学技术奖授奖情况公布，王天友教授牵头完成的“高效可靠非道路柴油机空气系统关键技术及应用”荣获科学技术进步一等奖，该项目解决了非道路柴油机空气系统核心部件效率可靠性、油气混合及变工况响应性等方面的核心技术瓶颈问题，实现了自主非道路柴油机空气系统技术进步，取得了显著的经济和社会效益。

5月18日，“天开杯”创聚津门全国大学生智能科技创新创业挑战赛总决赛在天开高教科创园顺利举行。2021级博士生赵通团队的“地下能源搬运工”项目荣获创业实践赛（主赛道）一等奖，并现场与天开园签署落地协议。

赵通团队“地下能源搬运工”项目荣获创业实践赛（主赛道）一等奖

5月23日，“2024数字中国创新大赛·人工智能赛道-智能网联汽车算法挑战赛”决赛在福州新区智能汽车产业科创基地举行。无人驾驶交叉研究中心团队陈云、马楚昱、赵咏恩、刘志强在谢辉教授和宋康副教授的指导下斩获第二名、第三名。

无人驾驶交叉研究中心团队斩获第二名、第三名

6月4日，第二届 ANSO 汽车技术国际培训班在中国科学技术大学成功举办。天津大学机械工程学院宋康副教授受邀为来自“一带一路”沿线国家的留学生及相关专业学生做题为“Dream Workshop: Designing an Autonomous Vehicle for Motherland at USTC”（梦工坊：一起在科大为祖国设计一辆无人驾驶汽车）的报告。

宋康副教授为留学生做报告

6月14日，由天津大学先进内燃动力全国重点实验室主办的2024年复杂流动与传热国际研讨会（2024 International Seminar on Complex Flows and Heat Transfer）在天津举行。来自天津大学、浙江大学、日本京都大学等国内外19所高校和科研院所的70余位专家学者共同就复杂流体动力学、高效传热技术及其在能源、航空航天等领域的应用进行了深入探讨与交流。

2024年复杂流动与传热国际研讨会

6月21日，首届车路云一体化无人驾驶挑战赛在中新天津生态城举行，天津大学3支队伍在国内外58支队伍中脱颖而出，获得了二等奖（第2名）、三等奖（第5名）和车路云一体化应用奖（第12名）的好成绩。

首届车路云一体化无人驾驶挑战赛

6月21日，2024年度天津市第一届“晨星衡祥”杯能源动力类本科毕业论文（设计）大赛在天津大学成功举办。此次大赛旨在加强各兄弟院校在能源动力类专业本科毕业论文（设计）环节的交流，提升毕业论文（设计）质量。本次大赛由天津市可再生能源学会主办，天津大学机械工程学院承办。天津大学、河北工业大学、天津商业大学、天津理工大学等8所天津市高校的110名学生报名参赛，共提交参赛作品102份。经过评选专家的严格审议，最终有45篇论文（毕业设计）进入了现场答辩环节。我校获得了特等奖2篇、一等奖6篇的好成绩。

2024年度天津市第一届“晨星衡祥”杯能源动力类本科毕业论文（设计）大赛

8月4日，第十七届全国大学生节能减排社会实践与科技竞赛决赛在中国石油大学（华东）举行。本届竞赛以“节能减排，绿色能源”为主题，主赛道共有来自629所高校的7 044件作品参赛，其中299件作品进入决赛。竞赛最终评出特等奖16项，一等奖174项，二等奖257项，三等奖1 340项。我校在本届竞赛中荣获特等奖1项，一等奖6项，二等奖3项，三等奖4项，排名全国第三，并荣获优秀组织奖。决赛现场还公布了全国能源动力类本科生优秀毕设获奖名单，机械工程学院2024届本科毕业生许文娟、逄钰家、朱一波光荣上榜。

第十七届全国大学生节能减排社会实践与科技竞赛

8月，2024绿色低碳创新大会发布了“2023年度中国碳达峰碳中和十大科技创新”，天津大学/中国科学技术大学舒歌群教授、天津大学田华教授主持完成的项目成果“自然工质CO_2循环理论与技术”成功入选。此前，该项目成果也成功入围了“2023年度中国高等学校十大科技进展”。

项目成果“自然工质CO_2循环理论与技术”入围“2023年度中国碳达峰碳中和十大科技创新”

8月12日至16日，先进内燃动力全国重点实验室成功举办了2024年度先进内燃动力暑期国际学校，邀请日本广岛大学西田教授、沙特阿卜杜拉国王科技大学Thibault Guiberti教授、韩国科学技术研究院Choongsik Bae教授、日本上智大学申铁龙教授和中国香港理工大学安亮教授等国内外知名学者进行授课，课程吸引了来自国内外高校、科研院所和企业的60余人参加。

8月23日，中国国际大学生创新大赛（2024）天津赛区冠军争霸赛联合天津卫视《非你莫属》栏目举行。2021级博士生赵通团队“管中有道——非接触式余热利用系统”项目一举摘得天津赛区冠军。2023级博士生陈煜团队“碳路先锋——二氧化碳热泵引领电车绿色出行新时代”项目位列第五（金奖）。

中国国际大学生创新大赛（2024）天津赛区冠军争霸赛

9月6日，由天津大学先进内燃动力全国重点实验室、津南区人民政府海棠街道办事处以及中国内燃机学会共建的“海棠大学堂”科普创新基地在天津大学举行揭牌仪式。

“海棠大学堂”科普创新基地揭牌仪式

9月10日，由天津大学和天津地热勘查开发设计院联合申报的自然资源部天津中低温地热野外科学观测研究站揭牌仪式暨2024年度学术委员会会议在津成功举办。该站是天津市获批的首个自然资源部野外科学观测研究站，也是目前自然资源部科技创新平台中唯一的中低温水热型地热资源领域科技创新平台。中国科学院邓军院士参加会议并发表讲话，自然资源部科技发展司、天津市规划和自然资源局、天津市科学技术局、天津市地质矿产勘查开发局、天津地热院、天津大学有关领导及野外观测站主要负责人员参加揭牌仪式。

自然资源部天津中低温地热野外科学观测研究站揭牌仪式暨2024年度学术委员会会议

9月13日，2024年“向日葵杯”全国教育仿真教育技术大赛在深圳举办，赵力教授团队申报的“结合机器学习的热力学循环虚拟仿真”荣获第26届中国教育技术协会教育仿真优秀教学案例一等奖。该项目于2020年获得学院、学科支持并启动建设，先后获得2021年高等学校能源动力类教学研究与实践项目重点项目支持、2021年虚拟仿真实验教学创新联盟一般课题支持，并于2023年结题并获得优秀研究课题。

第26届中国教育技术协会教育仿真

优秀教学案例

获奖证书

您提交的作品：结合机器学习的热力学循环虚拟仿真 获得中国教育技术协会教育仿真技术专业委员会2024年第26届教育仿真优秀教学案例

一等奖

项目成员：许伟聪 赵力 茹亚磊

完成单位：天津大学

证书编号：教技仿 2024DA013

中国教育技术协会教育仿真技术专业委员会

2024年9月30日

第26届中国教育技术协会教育仿真优秀教学案例获奖证书

10月12日，中国国际大学生创新大赛（2024）总决赛在上海交通大学闵行校区举行。机械工程学院3支队伍斩获金奖1项、银奖2项并作为代表登台领奖。2021级博士生赵通和2023级博士生陈煜带领的团队获得两项银奖。

10月23日，在天津市科学实验展演汇演比赛中，由宋康带领团队创作表演的科普剧《把论文写在祖国大地上》入围十佳实验展演作品。宋康副教授担任导演及主演，刘慧敏老师负责编剧工作，演员均为天津大学智能网联汽车科普基地志愿者。

科普剧《把论文写在祖国大地上》入围十佳实验展演作品

10月24日，教育部办公厅公布“全国高校‘双带头人’教师党支部书记‘强国行’专项行动团队名单”，先进内燃动力全国重点实验室党支部书记孙凯成功入选。

10月30日，第三届内燃动力智能控制算法国际挑战赛在大连理工大学举办。机械工程学院研究生凌璟岚、高金浩、张耀辉、赵作龙、陈长庆、李前组成的“北洋智控”赛队斩获银奖（第2名）。

2024内燃动力智能控制算法国际挑战赛（ICIAP）赛事奖励证书

10月，第15届中国大学生方程式汽车大赛（FSCC）在河南郑州举办，“蔚来杯”中国大学生无人驾驶方程式大赛（FSAC）在安徽合肥举办。“北洋动力”车队在2024中国大学生方程式汽车大赛中获得全国二等奖，在2024“蔚来杯”中国大学生无人驾驶方程式大赛中获得全国三等奖。

“北洋动力”车队在2024中国大学生方程式汽车大赛中获全国二等奖

“北洋动力”车队在“蔚来杯”中国大学生无人驾驶方程式大赛中获全国三等奖

11月5日，津南区政协于天津大学北洋园校区的热动力大楼，就“关于加速构建智能汽车产教融合共同体，促进智能汽车领域技术创新的建议”的提案开展了重点提案专题督办。

11月15日，第十九届“挑战杯”全国大学生课外学术科技作品竞赛2024年度“揭榜挂帅”专项赛终审决赛浙江场在中国计量大学、浙江理工大学举行。机械工程学院能源与动力工程专业逄钰家团队“耦合余热回收系统的电驱动无级变速混动拖拉机方案设计”项目斩获特等奖。

机械工程学院能源与动力工程专业逄钰家团队斩获特等奖

11月23日，由中国机械工程学会、中国机械行业卓越工程师教育联盟、中国科技发展基金会主办的首届“科德杯”中国机械行业产教融合教育教学创新大赛在杭州举办。宋康负责的项目“校企师生共建，一干两翼两融合的‘控制理论基础’闭环系统”摘得本科组特等奖桂冠（全国仅4项）。“多元协同、交叉融合”机械大类新工科人才培养体系构建与实施、面向“学科交叉、科教协同、产教融合”的新工科“设计与建造”系列课程、“专创融合”创新创业一体化人才培养模式探索与实践3个项目荣获一等奖。

CMES

首届“科德杯”中国机械行业产教融合教育教学创新大赛

获奖证书

特等奖

为首届“科德杯”中国机械行业产教融合教育教学创新大赛获奖者颁发此证书，以资鼓励。

作品名称：校企师生共建，一干两翼两融合的《控制理论基础》闭环系统

完成人：宋康，谢辉，梁兴雨，王薇

完成单位：天津大学，Quanser，上海暇航智能科技有限公司

中国机械工程学会

2024年11月

首届“科德杯”中国机械行业产教融合教育教学创新大赛获奖证书

11月17日，第十八届中国青年科技奖获奖名单正式揭晓，焦魁教授入选。中国青年科技奖起源于1987年，由钱学森、朱光亚等老一辈科学大师提议设立，由中共中央组织部、人力资源社会保障部、中国科协、共青团中央共同主办。该奖项每两年评选一届，每届获奖者不超过100名，焦魁教授是本学科历史上第一次获得该奖项的青年学者。

11月，中国内燃机学会公布了首届会士名单，共有21位学者入选中国内燃机学会会士。其中，天津大学先进内燃动力全国重点实验室共有6位学者荣登首届会士榜单，分别是金东寒院士、苏万华院士、王天友教授、尧命发教授、卫海桥教授和焦魁教授。

历届本科毕业生名单与照片

1953届内燃机专业

林大渊	蔡义汉	吴治坚	涂　颉	任雄峰	冯渭源	李继申	王东华	黄以干	王增润	陈守正	王锡庶
张耀璞	李厚生	杨　嵘	周振钫	朱学智	谈荣望	周开勤	魏励勇	邓开池	张家珍	孙志英	刘金峰
邱启圣	孙恭寿	阎　国	李洲瑞	周逢祥	刘云龙	张治厚	王志高	黄昭厚	胡永年	王明厚	丁本良
倪津华	费文杰	王世海	陆　镛	沈光寅	屈　清	刘祖汉	郭善良	张文举	王涌泉	傅学仁	李振英
高国璋	王文贤	吴会赛	赵风岗	刘振钢	王贵明	岳景贤	黄宜谅	张明远	陈纫秋	冯健权	李义傅
张　兆	张玉良	李郭风	董绍舜	王肇禄	周　镐	祁士君	童鼎昌	毛腾瑞	刘　琳	林国钦	

1955届内燃机专业

王炳义 朱炜青 武善谋 张锡久 周君正 万世雄 吉宗晤 宫心喜 汪　铸 霍光照 张士钊 郝兰璞
李国瑞 董秋芦 王　瑞 冯恩科 徐学浩 刘树武 马肇兴 孙济美 方仲传 陈来成 高先声 刘同湘
咸连生 汪家瑜 程炳珣 曹明玮 杨殿镇 吴　森 刘广玉 曹以柏 许光泽 陈道章 李　睿 石玉亭
郭务仁 马秉仁 赵淑梅 李广正 崔宝诚 李沛生 邢铁驷 朱宗励 刘家奎 方咸宾 徐雯耀 李建业
何宗信 江国桢 傅　勇 韩恩贵 鲍贤绍 姚润身 刘长荣 魏克宁 滑廷贵 李　达 江显嘉 纪清泽
张立鼐 何克俭 顾载阳 刘士英 王复生 丁　琳 靳怀琳 赵凤藻 刘模轩 刘培章 章应祺 汪章玮
侯学敏 钟增耀 高同大 李　琳 陆贵兴 唐德献 杨化南 江辅廷 洪家乐 白奎文 王恒涛 王明宵
冯介邦 葛树秦 义　俭 陈明韬

1956届内燃机专业

王祖汉 王学文 王观振 古恩鸿 朱有华 宋承河 吴继泽 李咸宁 曾　文 姚径哲 郝育生 孙大立
张靖远 张少杰 张荣寿 张国辉 马云岫 陈子英 黄至刚 郭　鸣 常定一 董清泉 赵汝林 赵立波
宁文凯 鲁　梁 钱仲宁 韩蕴华 顾世其 牛秀蓉 尹家骐 王建城 王世康 石　中 史魁玺 李　洞
邱家俊 佟景伟 胡大瑾 张冠声 张玉琨 倪葆芬 孙白理 许家永 许锡祺 陈瑞文 贺焕然 陆克振
曹克礼 商宏锦 贾伯雄 邓幼朋 邓国铨 魏国脉 田松仁 陈予恕 李久长

1957届内燃机专业

赵奎翰　余乃彪　苗　瀛　程荫梧　钱起云　王　化　杨世光　林昌奎　李德升　曾敏士　赵庆钊　陈康滇
刘宗礼　何中梁　田文斌　邱承宗　彭奉正　王义昌　周光武　谭汉雄　张伦基　葛希章　彭宝馨　郭腾美
王保仲　陈庭辉　李国超　蒋玉文　于泉仁　陈秉贵　程　宁　罗兆璋　徐　椿　马洪才　王大奇　张秀英
梅迪辅　何伟韬　冯广泽　曾　科　杜铭灌

1958届内燃机专业

孙明山　于瑞涛　王懿铭　徐顺源　袁世光　杨道荫　吴锦翔　蒋鼎琦　张兴鼎　齐玉林　杨瑞良　刘逸龄
涂逢年　彭静贞　文世骐　朱立勇　王仁仲　孙　谦　宋承祁　季福恒　宋士纲　叶世纯　胡永昌　尹维青
王志亮　胡国俊　李良凯　王迺和　夏新龙　刘积森　周爱光　马铁岭　郗昌明　管家驹　张励仁　夏荣生
刘翘善　陈宗泽　程光汇　胡　瑗　韩忠民　张　担　李金荣　沈德文　王嗣强　张立梅　应鸿安　叶祖英
刘树本　陈薇薇

1960届内燃机专业

赵文浩　王琰熙　于天铭　周源沧　龚正中　王爱尊　贺锡俊　傅正义　梁肇基　王悫臣　焦光宇　纪崇甲
穆丰瑞　郑德成　王景祜　保光模　黄玉璆　王桐林　秦万宽　许斯都　王世卿　黄炳钦　左垂纪　邢佩芝
沈树钧　唐树青　沈树熊　潘秀明　潘金梅　陆平行　井业之　蒋智敏　董世强　皮云凌　郝凤莲　赵铁英
杨传仁　王　珏　袁　康　曹炳宇　顾名骥　贾身杰　牛全禄　黄涤华　田子义　王福林　赵浚英　赵钟伟
郑　清　马腾骧　施家琳　朱宏顺　言穆庆　史经宇　毕翔云　许俊才　辛毓雄　华保中　朱秀菊　黄明瑶
黎　式　武玄交　阮德富（其中，最后3名学生为越南留学生）

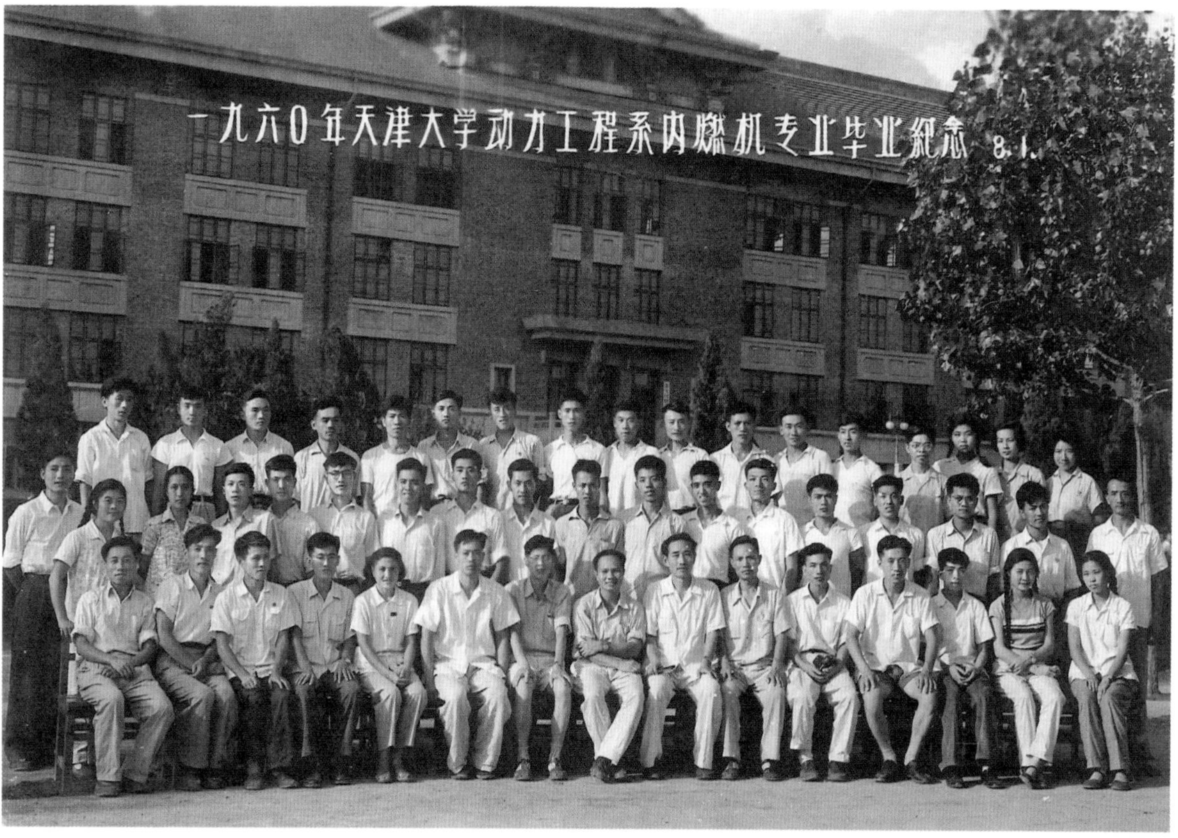

1961届内燃机专业

王骏辉　王继曦　王尊姬　王寿朋　李仲发　陈文忠　陈源仁　陈增幌　陈慧如　张仁域　张继端　吴久诚
吴惠钧　高大良　高世侃　戴钲鑫　侯昭星　殷森明　庄国南　杨在德　魏华元　程　熙　郝侠闻　潘灿宇
彭书仁　黄抵贤　杨锦璋　秦世骥　孙武倩　尚秀镜　傅茂林　于丽荣　王志元　王振宇　王正寰　王熙珣
于治源　李永堂　李　庆　陈庚奔　陈炯沛　陈维廉　钟从乐　蒋锦大　张云峰　苏悦熙　林经武　秦文鑫
宋乃扬　何焯英　胡宗弘　马守祥　马馥馥　韩光宇　魏衡芳　季汉民　沈益成　区德盛　陶　倬　韩育智
刘瑞光　黄明瑶　房绍平　聂禄生　王凤仪　王俊杰　余民云　张继英　刘书亮　许侯标　赵致和　陈庆彰
陈锦祥　林秀齐　杜松年　郝嘉玲　严敏璆　叶霭云　陈佩珊　李志雄　王绍荃　薛士江　李文禄　林瑞泰
单汝仁　白佩珩　陈保安　许忠泰　赵振仑　丁淑芳　江维本　张增本　陈智芳　李凤玉　黄复如　纵清瑞

天津大学内燃机专业乙班毕业合影 (1956—1961)

天津大学内燃机丙班毕业合影 1956—1961

1962届内燃机专业

戴长贵　张书屏　高启善　叶坤文　董锡明　张炳刚　王广宗　陈文涛　任贵和　刘可齐　朱仙鼎　朱杏根

陈万顺　舒俊德　宋明鉴　杨承烈　卓日明　张献琪　张伯恩　李振泽　林耀宇　黄毓彪　石乃光　贺师德

吴道秋　单庭方　邵伯寅　徐惠康　郝凤莲　史朝廷　闵惠明　朱育元　丁敬伦　张　桢　赵耀如　戴永榕

张耀荣　石一璞　郝　栩　王登高　宋伯渔　黄伟汉　杨秀丰　郭秉倬　马慰臻　李庚仪　闵建周　温廷栋

胥惠生　林文钦　杜楣年　于谨椽　金传芳　张铄华　陈银宝　屠铸宗　林治平　张保罗　朱祖光　史传训

阮建明

1963届内燃机专业

王清新　王延顺　李志厚　郑自仕　张万富　张志轩　郭汝玉　孙玉琦　徐光旺　唐孝忠　陆崇理　赵兰亭
孔祥周　赵文亮　吕树楠　宋玉明　高雅林　陈锡鸿　李彦富　李光满　王铁庄　冯修德　王　春　丁自臣
方菊莲　王兆熊　王德海　王树林　王彦琦　王文焕　王之麒　李胜业　李海学　李启生　李　权　李俊城
李文忠　何　元　宁允绵　刘　亭　刘淑贤　刘俊生　刘品仙　刘贵起　白水亭　石　荣　向阳复　乔世军
乔积双　初本福　范振周　彭一戎　袁玉宝　袁俊科　董梦祯　张元雄　张绍玺　张宝华　赵文彬　赵尔强
钱龙文　钱伯克　冯健璋　鹿道胜　杨俊生　瞿俊鸣　许淑芳　周玉贞　胥新玲　马恭金　郭宏达　傅云芳
刘克平　孟世忠

1964届内燃机专业

王　泰	白　羽	刘玉蔷	刘世柱	林亚一	林周先	李凤鳌	戎象馨	邵培源	狄兆福	朱允光	邹俊明
高登峰	苗信廉	姚家喜	陈友章	周维新	汤人牧	董化兰	马天惠	黄厄文	杨普春	饶宏宸	骆周全
钟楙甡	寿孝溥	周荣伯	孙海亭	王伟生	曾桓标	叶开贤	陈德福	齐得民	尹秉南	肖云龙	刘德富
郭增善	张国印	赵　晴	许龙昌	郭启涛	黄怀祖	刘宗岳	刘正池	陈桃芳	石雪官	谢幼德	李秀芝
于惠民	王振东	谷新真	练在中	张云驾	唐陞达	李钦卯	黄秋晨	冯丽丽	王树藩	潘用利	张凤楼
孙永璋	赵世栋	沈根福	黄焕添	陈文润	张兰友	王　恒	王莹珊	任小念	刘秀娟	刘德君	何乃醇
李宝海	李增长	吴乾德	周耀天	周万春	沈周文	郑尚彩	姚铁城	陈裕来	袁汉三	连尚仁	梁炽良
张金铎	陈产林	郭淑兰	黄健志	蔡德敷	薛炳信	潘洪进	李良义	徐宪步	蔡晋建	赵浚英	张吉诚
辛毓雄	杨晓日	王和技	王士杰	王颂秦	王荣先	王炳荣	方寿宗	白景升	史宗庄	沙志刚	刘泽芝
刘麟图	刘志康	吴克君	林奕平	邢化桐	李玉泉	李宇干	粟士敏	周思安	郑金城	施作吾	张延元
孙肇佩	蔡桀民	蒋尔平	龚善芳	邝少颜	杨学文	焦聚德	冀民良	蒋学娥	曾广奉		

1965届内燃机专业

王　铎　王秉武　辛云起　邓立荣　高巧存　高百川　林　仲　张家旺　张玉汝　张连登　陈宝山　陈景布

苏光玉　夏建中　刘武鹏　彭家琪　赵耀生　梁焕英　耿现珊　庞世忠　卢　骥　王瑞芝　赵海田　周思源

郭金岗　丁瑜生　王盛琨　王庆瑗　王立民　吕杏元　安邦健　杜九西　李玉贤　李家玉　李醒华　岳荣杰

何毓武　刘宝坤　刘桂莲　高素凤　金方洺　崔永昌　赵源城　赵玉魁　赵树模　路怀寿　苏万华　郑永澄

廖道扬　熊光聚　鲁肇忠　缪　强　韩启强　张宝弟　龚泰武　王桂珍　王树奎　方春玉　郑审煌　林观兴

杨文太　杨庆峰　刘淑琴　杜占军　何庆文　周启德　吴振强　谢乐华　苏锦同　李友国　王彦恒　张金柱

马保光　陈晓东　杨秀珍　陶丽卿　唐玉先　赵志珍　成维道　陈嘉玉　张祥陆

天津大学电机与动力工程系内燃机专业乙班毕业留念 1965.7

天津大学内燃机专业丙班毕业留念 1965.7.

1966届内燃机专业

王宝荣　王修田　李焕冰　李秀英　刘爽之　刘素芝　刘志远　刘鼎然　张克刚　张照光　赵厚善　杨焕辛
杨登未　黄庭泽　黄循侠　周仲元　那志忠　涂文轩　俞年增　韩素和　饶玉芳　荆进才　钟鼎甲　张瑞奇
贾百合　阮春安　焦志东　王鑫枝　李彦存　李彦田　张存华　张惠明　赵春德　叶瑞金　许翠平　万远凯
肖筑芝　庞陶行　郑春果　翟兴远　徐方锵　龚应忠　宗学士　雷清宝　呼桂青　胡宝华　何国弟　邹本华
王克方　韩均国　马戊辰　张玉明　刘克侠　王佩谦　张莲芝　汪为先　焦聚德

1967届内燃机专业

丁　群　卞　昭　王宏进　王立华　牛天锡　傅光琦　左耀龄　田　政　朱成荫　宋　骏　李德镇　李福生

张凤亭　张　力　张　庭　陈子运　陈光玉　徐连元　许国义　刘镇海　郭学智　杨继江　蒲启南　冯思义

甄伯泉　史集芹　吴中祥　张发明　魏孝逞　季求福　王秀存　尤伯伦　王恒裕　田伯勋　艾绍圃　吴声雷

沈陈庆　宋魁章　李醒之　李延洲　李元锴　周华勇　徐永照　封阿林　施锦昌　明步理　张立民　张本仁

张克杰　赵树民　陈　璐　杨安顺　唐渝梅　汤明松　康英杰　韩世平　蒋立康　顾炳元　王建祥　赵　伦

曹　青　汪大维

1968届内燃机专业

王文山　王怀青　李海英　李新和　徐克林　徐继昌　刘玉瑞　刘章卜　刘焕仁　梁崇湘　马一太　马定元
卓松芳　庄爱兰　倪连根　韩长旺　谷　风　赵玉堂　陶长仁　龚如昌　朱乃疆　石建凯　仲肇森　宋文和
华英兴　吴志根　孙伯彦　秦舜生　姚文芬　陈明礼　盛建维　李永富　赵其武　李文达　李蜀蓉　胡可钊
李春融　刘俊诚　刘秀海　刘　清　刘庆林　杨培基　杨忠浩　于云江　林安平　孙明惠　蔡志广　汤智远
吴世平　蔡玉仙　陈敬异　范锡芳　郎国生　张宝纯　姚道储　傅国璞　郑振焕　鲍雪琳　华士钰　高卓然
唐良伦　周伯南　彭煜恩　王立德　姚国坤　陈辉权　孔凡宗　殷淑兰

1969届内燃机专业

王粉庚　王忠信　李家训　李正亮　李淑兰　张　莹　张淑蕊　刘元凤　刘云亭　于久明　万　明　尹　莹
田崇厚　何海生　余　山　任隆良　周立奎　沈全禾　曹乃仓　姜正奎　俞敬泊　彭国华　葛彭年　邹景超
冯孟雪　高　展　袁　勋　孙志远　韩振兴　崔明华　翟品高　颜觉敏　杨树基　李树楼　李炳烈　李　忠
李绍祥　杨建广　杨佛生　杨国民

1970届内燃机专业

谢金顺　燕为弟　孟庆民　吴树青　封嘉涟　崔忠欣　黄复明　庄守文　肖声鸣　高振江　陆观彬　孙开正
孙占福　郭志群　郭玉申　马春龙　杨德云　曾宪侃　张世清　张印贤　林秋珍　林卫家　周良渝　邢金义
汝少海　刘观缨　刘帼超　刘颐义　王家生　樊胜德　缪和顺　陈庭吉　侯进瑞　梁二欣　卢玉柯　师志萍
马齐铃　高宝荣　陈家林　陈益镛　刘元沐　曾先恢　林国澄　何学泽　单绍祥　栢复秀　张　宁　张国昌
李建华　李泉根　李仰礼　李增富　江兴堂　王福华　王惠欣　林淮春　吴景顺　沙启亭

1975届内燃机专业

庞秀臣 尚军慧 李 辉 蒋吉成 邢恒发 程抗美 戴义芝 甲平生 朱宏伟 胡开明 左大光 陈锡达
赵永刚 王 振 陈安宁 吴修远 何英华 周云隆 黄莉莉 张湘生 周大民 韩 杰 王学恩 李 军
刘恒瑞 于献平 钱守昌 李 健 苑章岭 陈建华 陈继忠 薛瑞娥 李立群 秦秀华 于有生 周洪文
傅德才 阎志华 朱秀芬 苏东海 高凤玲 阴玉河 刘保生 武锦明 常善交 王玉梅 白 英 杨学礼
刘国栋 苑铁玉 胡 瀚 李树华 田万林 王天碧 荀肖三 张惠珍 唐力勤 李崇义 康秀玲 韩永年
傅贤能 王文录 杨若东 王宝山 宋新辉 靳张援 樊大远 郑卫国 周振德 齐凯风 李颖萍

1976届内燃机专业

高晓玲	宋　敏	马　昕	魏　静	郭宏伟	伍泰安	刘增平	刘振久	李建华	杨仲民	陈永发	贾颖凡
詹贤劳	胡汉歧	田家青	付伟际	杨德泉	董建平	吴红旗	周梅生	彭晓燕	郑会英	杨　琳	宋建中
陈　运	杨克明	张健龙	王宝秋	古庆辅	尹殿臣	张志学	乔润忠	刘旗开	仇光永	刘　厦	杨智敏
冯学忠	张润林	徐　红	薛优爱	战　群	王俊刚	冯树清	丁绍英	张文沛	张德先	吕海燕	林建平
徐　涛	杜厚美	杨振声	林　瑛	王　宏	闫焕民	郑国轩	帅金树	苗海平	周以民	李钟镇	王忠学

1977届内燃机专业

袁立秀	李　援	廖晓荣	张仲珍	唐国君	张淑娟	王学汉	刘文乐	杨贺云	郑　慎	李孝农	兰泽纯
郝兆军	连生危	潭长新	蒋福锁	王培明	李　健	谭　义	刘增丽	姚国庆	哈　青	昝　斌	苏金贵
杜瑞安	齐通澜	刘建生	葛临杭	李玉明	秦玉明	徐　涛	张华芝	赵　甦	孙　荣	李淑云	丁二红
沈兰琴	李建敏	王桂兰	陆　红	薛桐裕	李彦富	高真春	吴金山	韩　飞	胡荡舟	杨树崴	周茂胜
刘长清	高洪林	刘文科	王宝才	徐宗本	尹英伦	只生才	王　华	张国成	陈会玉	赵永周	许德阜
王学文											

闪光的足迹　温暖的传递

1978届内燃机专业

边志秀　苏建星　曹　蓓　刘桂景　田桂花　董　霞　李景松　崔秀臣　吴胜利　董恩祥　魏荣彬　孙树森

高国荣　刘玉华　唐伟民　滕献银　陈意清　卢梅奎　田丰果　马凤鸣　刘玉奎　董凤元　张中康　刘锡钧

范勤顺　曹天富　关永彬　郁德成　高志强　王桂明　张　萍　张秀珍　王子香　田春凤　钟思定　刘远贵

梁春成　秦根林　刘　军　李临生　郭　严　刘顺天　严鸿松　刘文生　周洪生　范立柱　王生福　曹聚舟

侯　尽　刘东旭　张文星　段铁炼　高富强　沙福惠　方玉权　张金柱　李书生　刘民强　屠立志　赵凯军

1980届内燃机专业

刘小唯　薛树凤　张　敏　宋　敏　储洪钧　翟金柱　贾其阳　张满堂　王德青　魏长军　保明发　张庆林
杨树学　王　梁　范　军　王凤臣　赵　晨　张建华　李　丁　朱福源　赵　让　齐学新　张　宏　张士元
郭敬滨　尚　俊　张文学　孙鲁华　陆利平　范　维　孙玉英　肖金荣　陈丽雅　崔海鹰　关　和　吴渝林
金自强　段作斌　王进军　耿京庄　陈铁兵　王振路　周旭昭　李树青　董　瑛　邱荣生　李文勇　范宝通
张景岐　于保廷　李金柱　刘建华　孟庆年　王成明　李　宪　苑宝昌　胡全伟　孟令凯　张海荣　蒋秀敏

1981届内燃机专业

张　捷　何天瑞　崔晓光　王立新　崔大成　扬学文　郑洪海　李德望　吴津生　孙宝玉　于铁丁　施志勇
刘宗瑜　梁和争　刘理明　周占舟　王　平　李勇勤　余津渤　孟　钢　高　昆　齐　鸣　张彦明　葛维晶
李守禄　康文达　肖　云　马其诚　姜兆玺　马国山　王　全　汤以方　梁之平　周德洪　李吉思

1982届内燃机专业

宋熙鑫　罗丽明　骆　雨　张耀荔　王宏生　王　贲　马长孝　刘元阁　刘剑平　刘玉嵩　刘金刚　任立环

季　鸣　李献国　信幼平　宋德珠　严圣传　陈秋安　何　川　杜晓农　林建生　郑进才　柯　明　欧阳天洪

张国全　张学亮　张文平　张剑炜　张绍军　唐　琦　韩维新　郭赞超　高　英　曹建明　莫世壮　程永康

葛作维　魏学惠

1983届内燃机专业

王　林　王振桥　王惠青　王德军　刘锡胜　刘元虎　刘玉民　傅晓光　孙　岩　孙济良　马振力　马　志
戴树钢　李绍安　赵　钢　赵玉山　朴英虎　周　笛　范品文　徐秀岑　武丰钢　郑卫东　蔡立波　俞宪明
提日刚　岳　勇　翟　华　廖赞平　杜　军　潘鹤春　赵天寿

1984届内燃机专业

苏 忻 张 维 何 洁 钱 岩 周逢源 王飞波 李建强 李理光 汪健生 张国红 张中祥 张 建
刘续喜 郑 杰 居荫诚 毕鸿强 孟 青 梁 军 冯秀华 程寅嘉 姚 江 郭颖悟 崔凌波 席裕镇
殷洋武 随 路 薛 远 燕重哲 戴文刚 魏 勇 张 瑛 周世俊 周之萍 杜玉娟 刘慧芳 胡晓兰
王志坚 王立平 戴 杨 同 兵 何 泓 刘 仁 刘 欣 刘国恩 杜庆建 马国强 李 君 李延安
李 绩 李燕宾 张 宇 罗 勇 胡 强 陈美林 陈晋垣 高金平 黄亚丹 孟增群 綦 天

1985届内燃机专业

张 泉　景 健　高砚来　夏淑敏　王 力　王 旭　王 雷　王红升　文代志　刘 洪　刘志存　李小军
李继成　张士玉　张德志　张春龙　张清坡　陈 锐　陈 逊　陈汝中　何国平　孙金辉　杨克磊　庞风彪
关章华　徐世利　侯健文　姚增达　魏水沂　孙 惠　郝 军　张英春　刘玉华　王建君　王建辉　田 青
左 斌　刘 强　刘 宁　刘壮培　江彦明　李国顺　林 岩　肖 秦　杨 伟　黄 强　黄辉军　孙培岩
孙昌翎　冯星野　沈颖刚　赵升洲　周梅生　孟宪礼　奚正兴　舒宏礼　谭从民　李毓青

1985届工程热物理专业

王承阳 王 洵 刘金宏 刘宗明 刘冀明 齐承英 李永燊 李 钊 李松晖 李 强 员雪燕 何英超
张迎春 张国莉 张靖波 张源雪 陈铁牛 林 强 金立民 周泽清 赵 军 赵志彦 洪建芬 袁 玮
徐刚智 曹立杰 路 岭 戴传山

1986届内燃机专业

亢秀玲　金顺爱　李　培　李　蔚　时宝琴　许静秋　丁　昕　王立波　王　平　白　锋　亢军康　马万钧
刘建华　刘富强　李玉良　孙德山　朱冬柏　郑　伟　杨　军　徐芳远　罗建华　陈先发　靳明芳　彭志军
曹汝椿　秦　德　俞培泳　鲁善文　张永凯　阎　平　周美荣　胡丽萍　董丽莉　郭　兰　张凤娟　王学军
王金华　王占文　才　华　回增杰　石建光　宗汉林　李　冲　李　金　李　冀　李大勇　李建津　许东彬
赵子学　张太山　张凤林　孙运华　祁　泉　包铁成　杨　鹰　高晓军　韩东生　杨长林　息树和　谢国吟
孟宪礼

1986届工程热物理专业

邓京红　王任飞　许嘉钰　李玉存　崔俊贤　郭　玮　杜　龙　李　宁　李　群　陈　平　陈　松　张　毅
张　剑　曲明道　赵　剑　赵海军　徐　岩　林春燮　刘相宜　王泽生　苏　泽　吴　挺　周　群　朝　斌
罗建洪　崔永毅　谭民强　熊　彪　雷廷宙　王世学

1987届内燃机专业

王丽竹　许瑞红　李亚利　邓立君　王　文　王占民　毛永锋　马洪发　刘振来　刘　明　刘群群　冯　骉
冯　勇　苏志杰　何国炜　宋虎亭　金正贤　郑树民　郑文武　胡日邦　张国贤　张馥江　张青平　柴领道
韩少平　姚建丰　陶　悦　贾友杰　万兰平　甄月棉　王长顺　王立新　方德广　支少锋　邓春荣　刘金发
李文生　任铁峰　肖　军　肖永增　肖德明　宋海水　陈立明　何刚健　何彬华　周　斌　张振海　张民生
俞海章　崔文兵　聂　磊　高文志　谢　兵　裴普成　李　静

闪光的足迹 温暖的传递

1987届工程热物理专业

李娟娟 杨 历 张银花 王 艳 吴晓翔 王士川 王同喜 王 群 王德新 孔令虹 司国炯 刘 勇
刘万福 李雪锋 李顺孝 吕 魏 吕庆春 马洪亭 武贵龙 何可进 张晓东 张学利 郑晓峰 郭 虹
杨 洪 舒勇军 瞿三荣 董久生 戴 仪

1988届内燃机专业

陈凌珊　董青俊　邓学军　孙健刚　冯建伟　米合允　阎金斗　李　响　李　安　刘　丹　刘国龙　刘成科
祁玉录　张建新　张　军　欧学卫　辜　明　陈念云　陈　凯　郜玉起　赵　杰　郭凌崧　郭卫民　钮欣朋
高红勋　高旗帜　耿庆平　吴建军　郑培利　李福忠　欧玲利　王玉华　李锦芳　班丽梅　于海波　田　伟
孙佩君　冯树兴　李朝晖　李　昕　吕　洪　刘　俭　刘洪丹　吴振军　张林春　张爱臣　范　勇　范　华
郑元湖　郭家湘　高永海　徐敏利　殷洪军　黄　践　黄放波　黄秀明　黄　斌　滕　军　樊久铭　马荣军
曹绍先　李　津　赵　伟

1988届工程热物理专业

朱　菁　那　瑞　吴颖捷　宋洪艳　张　宁　姜秀莲　林惠清　王从笑　王冠军　马世伟　马建军　马景树
叶开彬　张学良　吕　欣　李亚兵　李登功　刘春平　迟元森　杜官谟　杜卓林　张鸣辰　张铁刚　周晓炜
赵旭贵　徐　诚　常宝岩　曾惠明　朝世杰　蔡忠周　戴东辉　郭志仪

1989届内燃机专业

史春涛	刘 聪	陈 玮	骆 茵	崔惠萍	王 津	王 琦	王明军	马志东	司鹏鹍	朱双波	吴 俊
李文革	时玉生	张 力	张 宇	张 钧	张宝欢	林兴央	苗 哲	陈远锵	郑立山	高剑平	夏金洁
韩同群	蔡 勇	蔡祖力	薛以礼	杨立军	金明辉	马良军	刘 静	刘 珺	张 敏	王 伟	王海铭
平惠君	傅小文	刘宝顺	刘 屹	尧命发	冯明印	佟 岩	宋 明	汪 洋	苏伟全	李常胜	许伟文
赵宏泽	赵 勇	赵立新	陈凤森	张东炬	胡春明	崔仁卫	梁 刚	蔡永根	穆晓黎	薛剑清	赖发庚

1989届工程热物理专业

王 缨 刘艳芳 张 丽 张 军 郑爱东 贾润红 梁 晶 廉峰月 万一峰 王洪泰 王屹东 孔繁鑫
刘 锋 刘明华 朱书来 吴 海 李 力 李 刚 李 政 李 煜 陈建和 陈霄汉 周建辉 赵彦良
高永军 黄 涛 黄科华

1990届内燃机专业

李　芋　贾　青　邓　勇　邓文豪　王　勇　王元余　王会刚　尹厚军　刘卫红　史云波　田颂民　李士江
李永强　孙亚军　朱　棣　任建国　杜　青　陈　新　何　军　吴　巍　张旭贤　张增顺　孟　强　侯圣智
柴淑卿　彭　涛　赵文泮　顾文武　满明启　杜　革　马玉栋

1990届工程热物理专业

尚红霞　王朝辉　王若宁　马晓东　宪　章　齐崇磊　白　锋　李　忠　李国锐　李建民　朱新新　朱占川
陈　雷　陈庆生　赵　刚　赵惠忠　岳　杨　杨锐凡　胡　光　顾沛强　凌振波　袁成钢　梅　锋　彭　程
彭思众　韩廷东　惠　忠　穆云东　赵　捷　赵庆文　尚建华

1991届内燃机专业

王　蓓　刘学华　孙　颖　侯树梅　杨　麟　岳新莉　姜　波　崔迎进　丁　卓　于敏锐　于新军　仇学谦

王戎杰　刘　伟　刘　弘　刘洪亮　刘海兵　刘海生　刘为民　宁　炜　李　建　李　祎　纪　杰　闫　峰

陈光奕　陈泽智　何文君　苏建东　沈明均　杨　毅　杨伟莹　范景响　周海东　张亚军　张岸元　姚海天

焦永杰　徐海涛　徐　炜　秦玉伟　晏世友　高　毅　温青松　程　昆　管　烨　季晓义　邓才武　李　峥

1991届工程热物理专业

刘长银　孙　梅　孙　洁　严　红　尚晓玲　赵　璟　黄　燕　王　旌　王天鸿　刘　铭　孙永利　孙东厚
石中东　李卫华　李建国　朱柏松　衣方波　张　猷　张靖钦　郝江平　夏　彬　韩　阳　秦立刚　常子冈
寇亚新　潘　挺　潘　冬　涂　民　杜　强　刘　勃　张嘉辉

1992届内燃机专业

陈　宁	陈　强	戴海涛	郝红岩	胡文君	孔瑞红	刘　斌	罗　奔	潘冀辉	孙　芳	孙矢之	孙毅然	
王　炜	王良煜	吴　彬	谢　辉	杨文静	叶正茂	尤伯军	张学安	赵立国	钟伟星	朱益民	邹惠斌	
佟荣俊	龚文辉	韩文俊	桓朝光	江海涛	李红雨	刘　胜	刘秀霞	毛　伟	门学武	倪欣业	牛丙乾	
裴　瑾	秦建荣	邱谦刚	申兆伟	盛　旭	宋旭东	王荣誉	姚　颖	于学军	张　冰	张金全	朱连宇	
栾继超	瞿　珉											

1992届工程热物理专业

白兴艳 卞 俊 蔡宝佳 陈 强 陈江平 成 斌 程根明 高 峻 高志明 胡文胜 黄 冬 贾晓辉 姜正中 李 冬 李红民 吕冬林 罗 兆 裴育峰 沈向阳 田彦宏 魏传东 夏 凯 萧建威 徐 松 张 赫 张福恒 丁海成 王 军 王 逊

1993届内燃机专业

储进军　代　铭　方　好　龚晓晖　宫卫东　韩　林　何　谦　季保梅　李铁山　林荣文　刘　力　刘　坦
刘文斌　刘月辉　陆　武　钱　华　秦敬哲　唐少辉　陶韶菁　王　健　王方兴　王天友　吴雁飞　肖浩栋
徐文胜　薛　冰　严　萍　杨槐君　勇世杰　张　可　张广山　张江城　张晓颖　张延峰　郑二闯　郑峻峰
黄文录

1993届工程热物理专业

董永辉　冯　颖　高振国　葛达军　顾洪斌　郭世光　贾柳华　李　岸　李凤臣　李国强　李如刚　李希辉
曲凯阳　盛　凡　孙克涛　孙世波　涂　赟　王　品　王　兴　吴东伟　肖云志　于　铭　郑伟军　周佐新
朱　青

1994届内燃机专业

陈瑜明　高春武　胡育宏　霍　焰　冀晋辉　季满宁　李　博　李　宏　李继超　林漫群　刘　宇　吕　慧
罗　毅　青　炜　孙晓燕　汪仪萍　王　涛　王振球　熊树生　曾舍耀　张丽丽　赵海威　卞晓明　陈　燕
陈定文　花新梅　黄　云　刘　凯　刘朝阳　龙　晖　潘　石　潘小军　秦　萌　汪雪云　王隆建　徐朝晖
许尚雄　张　南　张　淼　张晏生　赵立棣　赵学明　郑文重　周文玖

1994届工程热物理专业

戴智慧 董 明 杜继思 郭大刚 郝志杰 胡剑文 贾向东 姜亚东 荆 涛 李 清 刘梦娇 马 翀

孟广田 孙 裕 孙海峥 孙军英 田 阔 王康迪 杨纪兵 张东辉 张利民 腾树龙 赵 岩

1995届内燃机专业

蔡晓林　陈长乐　付　勇　贺文东　黄妙君　金　刚　李　平　李大维　李敬明　邱国新　王雪芹　王煜彤
魏煜剑　吴　杰　吴晓君　谢　玲　杨文华　赵　涛　赵亦兵　赵振友　钟　国　钟　峻　朱　宁　邹昶鑫
祖炳锋　于凤林　安利强　陈　航　陈宝力　何永生　季　莹　李　勇　刘　杰　刘慧英　刘利涛　刘振中
麦旭明　裴志红　宋绍富　宋雪岿　谭丕强　王保洲　王仁武　谢　刚　杨　宏　姚　华　余芝鸿　张一星
赵晓昕　庄显会　晏　英

1995届工程热物理专业

程志云　邓立强　丁　卓　丁少昆　郭俊波　林云峰　刘亚军　卢　飞　牛　莹　邵志刚　万新福　王　晶

王新毅　尹　涛　赵　峰　赵志刚　郑美秀　朱栴城　邹　瑾　邹志远　蔡晓林　陈长乐　付　勇　贺文东

黄妙君　李　平　李大维　邱国新　王雪芹　杜彦鹏　郑　实　袁　铮　王庆华　郜　志

1996届内燃机专业

叶红珊　安　蔚　缠　刚　陈良宇　陈永泉　程建军　崔巍崧　戴先炽　韩武林　雷　洋　李　莉　李晓明
刘树春　陆永辉　苗长青　彭　杰　王青松　吴学成　向　前　徐晓明　杨洪敏　叶　菁　张　震　郑尊清
周淑娟　陈雪涛　范国琛　郭　巍　贺文杰　黄加先　李　鹏　李　笠　孟　强　宋勇官　唐小亚　王　超
王宏涛　王建中　王进作　王世伟　肖　艳　徐玉梁　薛登友　杨　军　张志明

历届本科毕业生名单与照片

1996届工程热物理专业

陈　晖　赵　辉　曹旭光　丁法荣　黄小丹　李守志　李志伟　林　超　林洪治　刘东亚　刘志刚　徐云强
杨　波　杨　洁　姚　坚　张　滨　张　晓　张亚平　张　宇　张　澍　仲崇坤　瞿　强

1997届内燃机专业

郭清洪　陈克明　邓景毅　丁　军　郭　涛　韩　伟　何文质　贺三湘　柯　明　刘　强　刘　雄　刘清芳
石士迈　王君亮　王武辉　夏　胜　许延军　杨　凯　杨鼎寰　曾　雯　臧绍钧　陈家华　单友成　何　涛
贾茂金　李　岩　李俊威　李远洪　李振锋　马　军　舒桂明　谭云飞　汪　津　王　琛　王爱民　王均敏
韦尚锋　谢　文　张　愈　张成国　张世飚

1997届工程热物理专业

季开龙　刘　芳　王行洪　吴彦华　王雪平　白新阳　陈　颜　代　骏　金　岩　金光哲　雷亚峰　李　源
李康敏　林俊华　刘　斌　刘振颖　马　骉　马　远　吴　波　张　舸　周艳辉　阕炎振

1998届内燃机专业

陈　亮　杜　红　樊晓迪　高俊华　胡　毅　黄庆慧　柯志坚　李尚杰　李伟军　林铁坚　刘　锋　吕　强
潘方文　孙江涛　唐　敏　王犹阳　杨志毅　于　冬　余　鹏　章　珉　张　珂　赵冬青　匙占民　郑昆仑
东红梅　程立明　崔元生　高长久　姜健平　李　军　李晗虹　刘　辉　马长昆　孟祥山　彭　明　玉宋军
魏海涛　吴启权　吴跃璨　蔺　宇　于庆军　肖　迪　吴志泉　彭明玉　张　志　于秀俊　夏元鹏　云　飞
赵　昕

1998届工程热物理专业

陈海新 邓中山 郭 旗 韩 雨 洪芳军 景秀井 李巨豹 李欣然 李友亮 刘孟晋 谭 勇 涂锋华

王华军 韦 冰 颜爱斌 叶建东 张 锋 赵宏宇 赵双燕 郑 实 朱绍华 朱永彬 冯 鸣 张昌盛

1999届内燃机专业

包俊江	毕卫波	陈庆武	翟震刚	丁华利	高　帆	郭宇峰	金尚明	李　燕	刘　巍	刘新颖	庞　聪
宋　鼎	孙家峰	董国飚	汪　葵	王日照	杨　云	詹燕飞	张光辉	张　平	张　震	赵　华	钟　良
胡　华	敖定洪	曹珂菲	陈　薛	范　睿	郭兴涛	何长安	焦波涛	景雅男	刘　刚	卢国水	彭　禹
石文宇	唐　伟	王国祥	王小波	王宇宾	卫向旭	夏奇松	张　翌	郑广盛	覃方亮	包　磊	庞大鹏

1999届工程热物理专业

陈　兵　高　鸣　郭　建　黄怡添　江镇邑　李　波　李　铭　李艳芳　廖　征　童春荣　王　戈　王　强
肖云天　杨　宇　张　伟　张秀梅　赵　兴　郑　旸　窦志林　邓　哲　李海龙　孙明涛　袁伟峰

2000届内燃机专业

包　磊　艾长庆　陈剑波　刁　海　丁　宁　付　鹏　侯　勇　贾　滨　敬章超　李　景　李全武　李志刚
孙小勇　王　宇　王海涛　王家福　王金娥　吴海鹏　萧展开　杨　华　姚海宙　尤　兵　袁广瀚　张　程
张志福　周彬彬　安雪锋　陈　帅　程金林　巩景根　郭志鸿　赫扎特　纪兆林　雷　卫　李彦庆　林　建
秦　静　沈红斌　田　耕　王方庆　王洪军　王　亮　王　阳　殷红春　殷建锋　曾志彬　张　洪　赵振武
周　颖　闫　伟

2000届工程热物理专业

程　珩　单一鹏　冯克武　龚宇烈　郭　猛　姜海峰　李宝华　李　征　梁　江　刘圣春　马利敏　毛德伟
庞瑞坤　沈传彬　孙　刚　王伟刚　薛珍岚　严忠辰　赵新一　郑清标　周立友　周力冰　周　倩　周晓超
韩黎洪　宋雅强　张　晟

2001届热能与动力工程专业内燃机方向

陈　旻　陈亚鹏　陈泽生　从胜辉　翟　奕　段延刚　范世琦　顾维东　韩静娜　金中国　李晓蕾　林明春
刘学锋　卢艳彬　罗幼果　牟　昕　宋　涛　王和琴　韦静思　谢　铮　徐　菁　杨　林　于吉超　余本雄
朱　勇　陈梁钰　曹春梅　曹　锋　丁凤婷　贾福臣　康前源　李　邺　梁世卓　刘　朋　马　骏　秦　吉
任勇飞　苏炎玲　孙　田　王金涛　王振前　吴　正　肖正林　邢　健　于　敏　张　凯　张　伟　张晓宇
赵呈国　郑清毅

2001届热能与动力工程专业热能方向

方宜宁 韩国峰 贾为群 姜振华 赖永乐 李世坤 李子佳 刘 超 刘奕晴 马学荣 孙昌浩 孙良宝

万江涛 邢英丽 张 宝 张弘毅 张颖泰 周 军 朱养妮 梁维晴 林路明 刘振能 余乐渊 郑臣明

2002届热能与动力工程专业内燃机方向

包玉晓 陈达亮 高 祥 高永刚 顾祥龙 郝睿昕 黄良训 吉 庆 蒋宁涛 雷 春 李春阳 李光磊 刘百颇 刘 诚 刘小吉 宋小武 汤红燕 王 冲 王林楠 王 引 魏 明 魏文霞 俞 立 张 军 张勋勇 张 岩 张振明 陈 登 陈学飞 段 峰 郭 津 何洪运 胡华强 胡永贵 黄松油 景亚兵 李基沛 李 欧 李 涛 李晓峰 李 兴 李志锐 刘 斌 陆广远 裴元江 陶玉国 王 晶 王 敬 叶 敏 张保良 张国辉 张 峥

2002届热能与动力工程专业热能方向

潘　余　王有为　杨　轶　张静伟　张　宇　曹兴书　崔　凯　刘　斌　潘　鉴　石顺超　宋德坤　唐　亮
王剑峰　王晓华　王欣欣　韦雪松　郝　睿　邢志芹　徐　威　杨　强　杨玉忠　于丽杰　翟炳贤　张新画
张仲柱　崔希娟　余齐伟　程　晓　高　骥

2003届热能与动力工程专业内燃机方向

蔡文利　陈昕巍　程传辉　关顺吉　郭振鹏　韩　健　黄雁冰　贾维新　孔繁波　李　丹　刘　丰　刘俊栋

沈国华　宋　平　王立彪　王永钊　吴　冰　吴英炳　肖　斌　熊定生　薛国俊　于　涛　余文义　昝　磊

张　岩　赵晓静　周栖梧　陈　尚　程文平　程晓鸣　崔冠群　方　芳　方　翔　高秦波　郭红松　郭　勇

郝明德　李慧君　李小倩　刘冠超　刘建国　刘　潇　刘鑫元　牟江峰　倪广健　钱　镇　山无陵　宋　涛

王达炜　王海洋　王　璐　王　姗　王艳霞　许　建　杨文喆　张　铎　张广宇　张　顺　庄继晖

2003届热能与动力工程专业热能方向

谷 成　曹晓希　陈 浩　陈志豪　池雁军　杜 欣　冯建永　冯 卓　葛 昕　葛志松　谷 琳　何 炜
蒋 洁　李 蕊　梁衡怊　刘 波　刘国强　刘 瑞　龙 燕　马 非　马利蓉　倪晓东　滕用兴　王洪成
吴 昊　向晓星　杨 铭　姚冀涛　张 麟　张文文　赵 强　赵月慈

2004届热能与动力工程专业内燃机方向

白雪峰　冯黎明　韩文涛　韩　钰　何宗意　户　冬　华妍妍　匡志涛　李　明　李镒喆　廖柏淞　刘　刚
彭秀英　史家涛　宋振宇　孙山峰　孙彦文　王立伟　王　玲　王抒楠　王镇东　王　柱　谢会翔　颜昊博
于浩波　余小红　张冠俊　张文美　张桂昌　于大勇　李月斌　曹增涛　陈鹏举　陈　韬　付先龙　高春宝
高　亮　郭　磊　贺融冰　胡　波　黄平醒　贾　毅　贾　桢　李金海　李晓楠　陆　兵　牛茂升　钱建功
孙亚琴　唐　程　王昊宇　王乐平　王　勇　魏志鹏　项春艳　肖鸿仁　张江涛　张　妍　张　瀛　张智萃
赵文茂　李　洲　苏　伟　周　斌

2004届热能与动力工程专业热能方向

曹滨斌　曹　明　畅　嚣　从　琳　代剑锋　邓　帅　段征强　高　攀　衡光琳　胡东坡　黄志刚　姜红图
黎　明　李　浩　李俊松　刘　焘　刘秋菊　覃和船　王继霄　王晓东　温　玥　辛敏涛　徐亚萍　薛　凤
薛征欣　杨　力　张俊祺　赵亮杰

2005届热能与动力工程专业内燃机方向

石继超 李 喆 郭宝圣 焦鹏昊 李 楠 李元平 李之华 卢志勇 牛文博 盛 鑫 王 鑫 吴桂培
吴尚平 肖 阳 谢必鲜 杨 洋 张立丹 张庆锋 朱 磊 朱守江 朱 杨 钱 宝 曹 菲 黄 涛
黄庭泽 李广娜 李 明 李 卓 刘 涵 刘义亭 刘宇恒 刘 渊 吕茂强 马召祥 牟 涛 石 蕊
宋 悦 苏连松 汪 方 王 浒 王 锴 王伟林 王晓军 王 蒸 王志强 王子岳 吴春华 夏 薇
张 波 张功常 张家雨

2005届热能与动力工程专业热能方向

陈媛华　单　良　董　磊　郭　抗　贺秀峰　黄海涛　贾　鹏　贾佳妮　蒋栋梁　矫洪涛　李亮谊　李英梅

李　颖　刘　晨　刘　进　刘新风　刘志毅　邱亮周　孙　健　吴小侠　胥　泽　杨翠哲　杨　萌　叶荔坚

义志文　于　斌　张　亮　张彦辉

2006届热能与动力工程专业内燃机方向

李晓鹏　彭　博　赵　靖　陈柱林　关永峰　户登飞　黄修诚　金　春　李　叶　刘　芬　刘　锦　施　华
孙昆鹏　孙玉亮　田兴旺　王　烽　王　辉　王　林　王　阳　翁春金　徐得石　杨　微　尹　君　尹胜龙
于　虹　张桐山　张　微　张智轩　白云龙　王　帮　瓮　超　陈杰光　陈　昆　陈小华　丛孟营　崔振兴
丁刚刚　董立辉　高立波　顾安纪　郭　芳　郭燕君　韩立新　何佳佳　雷晶莹　李春城　李　辉　李　洋
栗　娟　路　林　孟庆媛　王相林　杨　安　杨　柳　姚宏路　张翔宇　郑振鑫　周晨辉　唐　江

2006届热能与动力工程专业热能方向

丁静萍 丁晓飞 郝 岩 侯 斌 李 涵 陆 智 吕张稳 孙 辽 唐金平 田 华 王少龙 王晓峰

吴 骏 徐礼翔 许 亮 杨 晖 于 磊 于磊罡 曾 勇 张海峰 张 了 张 旭 张 薇 胥晓旸

2007届热能与动力工程专业内燃机方向

曹　明　丁云波　杜　浩　敦立明　胡继娟　康　斐　李健康　李　莎　李艳丽　林杰威　乔　杨　任翀怡
王　琳　王维群　王怡峰　温　佩　张瑞华　赵　盟　周　卫　朱金鸣　朱振华　朱仲文　褚兆鑫　卫守琦
姚　垚　陈　博　陈　亮　丁济凡　丁希萌　韩伟强　黄　彬　康明明　李　程　李光兴　李路平　梁　娟
毛玉夫　宁德忠　任有志　申潇潇　宋　丹　王濬哲　王加林　魏国东　吴子尧　岳　艳　张　鹏　张宪忠
张宇超　张祖金　赵冠宇　赵　明　朱云龙

2007届热能与动力工程专业热能方向

储静娴 董 晨 葛 芃 龚文瑾 郭少龙 韩 新 冀英杰 蒋建云 金维琛 鞠小雨 李 曦 林战彬 刘卫娜 刘 毅 牛科伟 宋欣阳 唐小辉 肖衍党 徐 涛 尹相原 张 哺 张 建 张儒霖 赵国伟 赵 阳 朱 昂 闫睿祺

2008届热能与动力工程专业内燃机方向

陈　梁　关　娇　何　超　何浩然　贾旭岩　李　丁　李　艳　李哲名　李倩倩　梁　飞　罗　劼　孟　梁
潘　中　申孟芹　施星鸥　王　亮　魏汉清　向　斌　徐　林　曾芸先　张文通　张　芸　周　康　周怡博
邸晶南　缪金荣　凌　健　郝　喆　边　强　曹　狄　陈　辉　陈乃转　董大陆　何　丽　洪　波　季安健
李天琦　刘文剑　刘忠杰　刘泓江　吕　品　马腾飞　曲函师　宋鑫财　王锦阳　徐广兰　许汉君　杨　帆
杨宏坤　张德胜　张焕宇　张　林　郑光健　郑　华　闫方超　闫赛娜　褚小龙

第9教学楼

2008/06/26

2008届热能与动力工程专业热能方向

陈文婷　董　军　高德锁　郭　帅　黄兵勇　季咏玥　贾恩杰　李　慧　李　轩　梁　斌　刘佳鑫　刘　健

刘　奇　刘文博　卢　熠　倪康君　石　鑫　陶舒畅　王　伟　王雅静　杨文言　殷亚州　张海隆　张文征

张　震　张志伟　赵学政　朱坚强　邹昊晖　闫美辰

2009届热能与动力工程专业内燃机方向

李掳博　刘　洋　白　云　常　青　邓怀仓　范一强　葛　莹　贾昭远　李　青　李绍飞　刘军恒　卢　迪
鹿　兴　蒙象贞　裴宏斌　邱鹏程　任　航　宋振垒　孙　准　王均均　魏立江　杨　晨　杨成林　杨　硕
张　峰　张　松　朱万冬　瞿晓冬　艾　虎　曹　洋　耿　鹏　龚慧峰　韩　旭　胡　瑞　江海平　李梦男
李永哲　潘军虎　祁振宁　秦彦周　孙　娜　王海瑞　王建超　王　磊　王　鑫　张新远　郑春娜　邬　平
闫泽双　马　梁

2009届热能与动力工程专业热能方向

王化江 丁 超 宋 昌 李国栋 刘 锐 夏 飞 冯 晴 李 勇 刘 超 马强云 刘忠彦 柳巍栋

马海燕 么德飞 山 华 史晓磊 韩 同 孙忠杰 王 强 王维波 封永亮 杨 琨 赵卉秀 黄书友

樊淑娟

2010届热能与动力工程专业内燃机方向

董晓璇 郭锋 韩潇 李家驹 孙伯祥 宾健 陈伦玮 范永扬 范宇 冯乐 郭超 何宇
何垣奇 侯亚帮 胡锐 冀鹏飞 李晓明 李阳 李桦 刘紫宇 马晓宇 宁锦标 庞阔 秦志媛
孙慧慧 王姝荔 武炎 阎岩 于冠军 余萌 余晔 岳宗宇 付雪青 王睿智 武立勇 张浩
王化江 王维波 陈宇 郭超 何文运 洪斌 胡潇宇 华鹏 金帅 李宏江 李欢 李靖
李苏苏 李颖 林宇星 孟庆瑞 孟子淇 孙晓东 王振宇 王恺 韦安阳 吴学舜 吴永惠 杨辉
尹连浩 张长亮 张宏益 左照伟 佟强 仝伟涛

2010届热能与动力工程专业热能方向

王睿卿　何　毅　郑　楠　刘海波　孟　龙　焦文静　汪育超　苏　飞　汤　竑　曹剑坤　王加龙　王明明
王维铎　张雯雯　杨成思　姚文斌　余盼龙　李家吉　张晓楠　赵玉龙　郑阳泽　张　巍　闫秋辉　於　骁
朴明秀　刘效东

2011届热能与动力工程专业内燃机方向

魏　峡　曹海明　冯登全　郭　恒　胡文波　姜　巍　姜　钰　解立艳　康　娜　李　博　李梦瑶　李若昕

林潇俊　刘丽娜　刘显宏　刘向威　刘永涛　欧阳锋　石　磊　汪　源　王　能　王　晗　魏泽鑫　吴少华

余海涛　张导龚　张洪洋　朱君亮　安少一　蔡志鹏　常　庆　陈贝凌　陈建勤　崔青辰　翟俊萌　樊宏韬

付朋飞　高孟石　韩小强　洪晓清　黄　威　黎　玮　刘　辰　刘　腾　潘博文　王全刚　王婷婷　吴恒博

杨　博　杨　曼　杨淞凯　张　欢　张　佩　朱恩亮　孟祥赞　卢　俊　阿苦伍各

2011届热能与动力工程专业热能方向

刘林洁　李　军　治　麟　王　甫　史　戈　黄小雪　许媛欣　高　硕　高　峰　丁　胜　王双飞　梁永乐
王玉强　赵彦杰　杨兴洋　胡江谊　张承志　姚　刚　李　峰　张亨洋　徐博睿　杨　涛　孙　健　褚银宇
段锦平　谭雨亭　薛　龙

2012届热能与动力工程专业内燃机方向

仇荣赓　何龙龙　胡悦浩　黄　宇　黄宇熙　李志强　刘欣源　孟庆贵　彭　影　强　强　商艺宝　孙庆帅
唐　兰　魏　超　吴顺清　武政杰　邢　鑫　续　晗　杨瑞男　杨兆山　杨　澍　叶　飞　张　琳　张　宁
张思录　张志强　朱传峰　何　璞　赵　超　陈策远　封博明　高媛媛　龚泽文　韩雪松　黄雪峰　霍钟黎
贾晓杰　康兴裕　李　昂　李立远　李星韵　李　钊　刘建赟　刘威威　马　宁　马　锐　祁鹏飞　曲彦楠
冉　夏　申博玺　涂元林　王　瑾　叶文基　尹　雷　于　宁　左　鹏　于晗正男

2012届热能与动力工程专业热能方向

薄华宇 陈 卓 陈茜倩 程 伟 杜理科 方 吟 高 强 龚秀峰 顾昊翔 郝瑞英 霍伟奇 蒋辉跃

矫龙军 康 喆 黎 念 李炳泽 李 扬 李 鑫 梁梦蕾 陆冀升 唐梓彭 王晓磊 杨 诚 杨 睿

曾 睿 张 喆 张建元 赵 峰 郑立宇 褚宇翔

2013届热能与动力工程专业

王亚军　林富鹏　潘泽华　肖森鹏　杨棋锐　王　震　陈　静　王　惠　文　珏　陈　贺　叶佳琦　张　晨
胡悦浩　刘　睿　赵明如　聂尔冰　马天舒　张丽杰　陈　芳　祁芸芝　方治阳　冯世龙　熊　硕　罗悦齐
荀景智　尚　芳　赵烈剑　周国栋　祝宇轩　林章磊　高　翔　谷成磊　阳　浩　毛方舟　常亚飞　郑明志
时嵩胤　王　伟　黄　浩　马　莉　马　惠　郭　旎　薄志刚　潘洪佳　陈世兴　方熙宇　孙欢欢　王　欣
王大为　杨　军　聂国乐　杨　彬　陈伟睿　陶　康　李会一　高寅马　王博洋　李一力　高　强　杨　琛
孙浩宇　李　杰　付　曦　王丹宇　邓　豪　郭云昊　吴江平　杨　贤　杨　诚　张　晶　王举超　苗肖男
郭　迁　张　旺　纪春玲　康　辉　李亚昆　杨志甲　于齐超　张欣星　冶存彦　张　旭　霍　森　朱善贤
孟庆贵　程海东　马　雯　李昊翔

天津大学机械学院2013届热动2班毕业合影留念
2013.6.3

天津大学机械学院2013届热动3班毕业合影留念
2013.6.3

2014届热能与动力工程专业

邢　鑫　常　亮　杨寻亮　胡广旭　国　玉　王勇雷　林　丹　王杰民　姜　山　徐瀚泰　李　渊　李雪文
杨　奕　霍永占　马广野　张艺伦　刘　波　王　磊　何王波　刘建飞　陈　宸　温邦耀　尹庶杰　焦道宽
莫正旅　赵万辉　刘　鹏　王　洋　汤雨薇　张婧宇　丰　雷　刘　旭　张春旺　王丽敏　牛志强　李　旭
刘星星　严宇峰　姬鸿斌　吴元旦　封换换　孙芳科　张丽娜　李明顺　马　超　李千山　鲁晏辰　杨力研
冯泽忠　梁凤鸿　汤　琛　张　雯　张录佳　李　双　宋敬元　田　硕　周忠伟　关建丞　杨志伟　郭隆真
陈瑞文　宫　鑫　刘国峰　闫　越　李　浩　徐　震　卢金画　秦　月　姚昱儒　张瑞昌　朱亚永　郭瑾朋
王　超　叶明生　王小峰　孙　凯　包苛杨　李宝承　李炳泽

2015届热能与动力工程专业

李尚青　刘松涛　张小龙　韩　煦　白晨曦　张式鹏　高大树　杨　盟　田启星　杜天心　蔡新朋　刘希锴
赵健福　徐连旺　马卉妍　赵存盛　高　翔　姚怡影　王震雷　傅奥博　陈卓杭　陆道宽　赵思源　胡修华
马孝楠　朱晓琰　郭一鹏　于春庆　薛鹏鹏　付炳科　高振东　马乃锋　郑　勒　华剑雄　孟　龙　蔡俊千
周子棋　余　敏　刘思辽　张朔梁　郭亚槿　苏　琦　白　杨　贾　凡　谭志诚　曹　纵　李学健　张晋铭
付彭宾　刘　钊　金　维　夏博睿　陈　鹏　李洪金　王光耀　常立文　刘屹清　张梦雨　刘　喆　杨　智
何桥奎　杨存明　张鸿杰　李　荣　王　皓　程凡瑞　潘洪浩　郑展凡　张鹏飞　崔志伟　雷　程　袁　琦
陈子洋　林元贞　鲁　鹏　陈文浩　郭志佳　侯立辉

历届本科毕业生名单与照片

天津大学机械工程学院2015届热能与动力工程2班毕业留念

天津大学机械工程学院2015届热能与动力工程3班毕业留念

2016届热能与动力工程专业

丁　凌　马嘉成　吴　浩　霍　旭　王博文　杨　庆　卢照丹　张泽迪　郝萌萌　汪　洋　白国宇　门　浩
张恩兴　贾琪林　王雪峰　陈云云　马国斌　朱鹏飞　梁丹宁　杨　嘉　曹丽娟　任佳政　张海光　蒋　杨
徐在龙　田轶夫　施云辉　朱志峰　李沐晨　阎心怡　陈俊伊　唐栋杨　张晓军　李广禄　曾　桢　黄思睿
王　派　陈　景　汤代杰　祖德洲　李烽超　田　蓝　赵一鸣　刘　伟　张梦云　黄燕良　王　煜　刘鑫源
魏子清　侯昱泽　李海强　王　达　林江彬　尚靖武　赵东鹏　李伟超　吴　越　窦高磊　梁　璐　姚　鑫
李　宁　刘　帅　周　波　申郭磊　钟生辉　朱孟倩　邢　超　王　定　陈　谨　石　盖　李然臻　王　迪
王　悦　李双俊　武承如　王昊炜　钟岸君　陈柔先　宫志达　王　龙　李振维　路雄鹰　王辅阳　樊广志
刘芮煊

天津大学机械工程学院2016届热能与动力工程2班本科生毕业合影留念
2016.6.8

天津大学机械工程学院2016届热能与动力工程3班本科生毕业合影留念
2016.6.8

2017届能源与动力工程专业

姚永安	沈鹏飞	黄辛梅	邓　磊	高冠怡	魏鹏飞	张馨予	高宇航	谷云程	韩业勤	胡立健	胡正刚
黄威霖	景　超	蓝绍东	李　凡	李瑞霖	李昱翰	刘煜光	吕恩谋	马崇宾	马天明	乔　桥	石皓天
王博文	王　坚	王芷君	吴志勇	张军城	张彦科	张子鼎	蔡金文	蒋　伟	景　恩	李超跃	李奇峰
李雅楠	刘丰年	刘　峰	刘建宇	马　凯	上官祥	孙垚磊	索梦善	田向东	王　储	王龙龙	王诗贺
薛景博	张勃晟	张文杰	赵昱迪	钟力嘉	安　健	郭　祥	郭麒松	胡　涛	胡皓青	姜思宇	李世龙
李志遥	马　瑞	牛　健	牛一凯	隋祎凡	吴洋亦	吴　鑫	肖洪成	许小刚	杨韵晓	杨振宁	叶　开
易文韬	于元鹏	俞陈尧	雷文博	盛　一	苏冠宇	张　月	魏招毅				

天津大学机械工程学院2017届能源与动力工程2班本科生毕业合影留念
2017年6月16日

天津大学机械工程学院2017届能源与动力工程3班本科生毕业合影留念
2017年6月16日

2018届能源与动力工程专业

陈昊天　郭定域　刘　灿　谭昕昀　谢　彪　周　扬　董振鹏　陈　宁　杜振宇　金　瑞　李爱材　李　涛
李永红　刘婉竹　刘微旭　刘文博　刘志伟　刘　琛　秦铭聪　王　清　王天鸣　王子介　肖权招　杨迎晖
苑荟琦　詹浩淼　张诗野　张颖卿　张正韬　张　钊　林嗣能　边光寰　常宁馨　陈志强　陈　娅　杜永杰
高　妍　谷江鹏　胡　雪　李康健　李力耕　李　娜　马中捷　史吏春　宋丹阳　孙旭东　孙志强　王程平
王国军　王稼晨　王　宁　王伟康　魏英杰　张　钊　赵　金　畅　达　陈博嵩　陈瑞华　冯　帅　郭志昊
韩　斌　何　挺　蓝必伟　李博涛　李泽宇　刘志鹏　吕　旭　马苏会　秦嘉伟　陶星晓　王　丁　杨静怡
殷　旺　袁文超　张广全　何亚伦　黄　昊　边治上　王微尘　尼玛卓嘎　尉迟海洋

天津大学机械工程学院2018届能源与动力工程2班本科生毕业合影留念
2018年6月25日

天津大学机械工程学院2018届能源与动力工程3班本科生毕业合影留念
2018年6月25日

2019届能源与动力工程专业

刘沛林　李鸿瑞　韩　磊　胡姝楠　李金泽　李　梁　刘建宏　罗　齐　马　欢　宋立群　汪思学　王天骄
王子穆　张　浩　郑凯云　支沛瑶　周靖舒　蔡雨青　邓长昊　董小杨　冯博程　关淑雅　贾　策　李　凯
李帅衡　李　兴　廖寄语　刘　涛　卢鑫源　马孟昊　任新宇　汤超宗　王正哲　吴佳能　杨博帆　杨钰郅
曾显舜　张宇擎　陈秉学　陈庆生　陈子豪　胡译丹　黄扬杰　李才林　刘时琨　宋　波　位义豪　吴宝迪
吴　凯　杨庭熙　药卓效　郁　政　张启超　张　松　邹李潇　佟咏泽　闫靖文　宫竟芷　字振源　苏　畅
王　恒　曾一伟　王首元　孟庆鹏　贺　强　刘天野　任培旗　王鸿雨　白梦洁　左鹏博　曹俊贤　杨子俊
李任淇　王竞宇　刘名飞　芮新宇　滕泰然　樊　杨　于　杰　旦增多庆　夏侯明昊　胡小玲子　旦增念扎

天津大学机械工程学院2019届内燃机专业毕业生合影留念
2019年6月21日

天津大学机械工程学院2019届能源与动力工程（热能）专业毕业生合影留念
2019年6月21日

2020届能源与动力工程专业

许　辉　张佳丽　安利鹏　陈勇前　冯展宇　高尔聪　龚嘉沫　黄林雄　霍超博　金　鑫　李　杰　李苏泽
李意菲　刘　洋　刘志鹏　吕露露　宋超凡　万峰佑　王傢俊　王铖梁　温　馨　武泽清　许　磊　杨　康
张榆川　张育良　张悦雯　郑　毅　朱振宇　闫无敌　陈柄朝　吴　鑫　部竞琦　陈津杏　陈泰霖　陈　曦
费　腾　江杭朋　雷　霆　李梓瑄　孙小艳　唐英伦　陶　雷　王洁明　王耀锋　王悦阳　卫宇昂　夏　然
徐云峰　许华前　杨沛泽　杨浅舒　俞　海　岳润飞　张文喆　张　宇　张凇瑞　张　昊　邹子源　曹舒珊
丁以雄　霍文明　靳守营　李俊杰　李少晖　林键彬　刘浩田　刘梦涛　马成军　马文瑞　马小峰　毛泳霖
潘若涵　宋瑞涛　王　刚　王　竞　王文禹　王倩雯　吴文祺　徐培栋　许植超　杨绵松　杨雪辰　张　帆
张　宁　周杰东　周　泳　臧月研　许云深　索康才旺云登　热阿吾山·努尔博力　贡布加参

天津大学机械工程学院2020届能源与动力工程二班毕业合影留念
2020年6月24日

天津大学机械工程学院2020届能源与动力工程三班毕业合影留念
2020年6月24日

2021届能源与动力工程专业

陈浩然　冶成军　王亚泽　白晶文　党东霞　冯翼明　何佳欣　胡岩松　黄逸超　姜智杰　李浩天　李　建

李林才　李新宇　刘浩坡　刘志千　罗银幂　钱兆一　孙鑫宇　王鹤晓　王谨瑞　王　荣　王潇洒　王　琦

王昊宇　熊泽宇　张　琦　朱超沂　闫瑞彤　陈谦涵　樊续强　范俊珲　房天祥　郭长振　郭颖莹　郝思寒

胡鑫蕾　纪永明　蒋紫瑞　李卓航　廉　杰　刘骁龙　树　燊　马海星　毛熠辉　万思萌　王大治　王耿辉

翁公羽　夏逸凡　徐期峰　徐一森　杨　迪　殷艺玮　张鹏勃　赵贤锋　郑瑞凡　安欣然　陈志远　陈梓建

戴耀楚　杜昊悦　范东瑞　冯　浩　韩嘉昊　韩禹江　国　航　陆　畅　聂睿凌　秦志坤　任天宇　史培均

孙　鹏　吴　静　徐津悦　徐志杰　颜致远　杨东方　应锦辉　于宜禾　张俊峰　郑俊科　周婧蕾　朱子健

佟远宏　祖力卡尔·海来提　布勒得尔甘·哈依拉提

天津大学机械工程学院2021届能源与动力工程2班毕业合影
2021年6月28日

天津大学机械工程学院2021届能源与动力工程3班毕业合影
2021年6月28日

2022届能源与动力工程专业

黄林辉　梁玉松　王东凯　叶晨曦　张家兴　张景峰　祖朝阳　高梓华　黄希文　雷宇阳　雷昊颖　李烨南
黄致新　苏上淳　王语荣　陈　峰　王晓琪　王宇松　魏宇纯　谢庆伟　高博萱　吴凯剑　侯宇恒　侯振元
王　渤　张家麒　周一鸣　徐子帅　张昊洋　高　乐　黄星达　李　炎　罗邦尧　孟易真　王世纪　魏剑神
余诗镪　袁金龙　张　宇　赵俊鹏　周雨萌　丁家恒　郭效佐　韩　仪　李承润　李思霖　史泽坤　王春宇
王志朋　吴博昊　周　昊　周晓冲　祝学炜　刘雨薇　宋哲辉　于子涵　龚靖尧　马　超　马　骋　牟玉鹏
潘　傲　田　莹　郑彦霖　段晓虹　高　悦　李　娴　刘子晗　柳瑞涛　柳　田　王金羽　陈昭顺　高一可
郭　宇　李东海　孟文强　宋子聪　白新光　陆郢娴　阿　琼　石珉槼　韦增春　李　婷　蔡坤宇　巩　固
蔡宇豪　庞子贤　李航旭　尼加提江・喀哈尔　安卡尔・阿里木

2023届能源与动力工程专业

罗　涛　周　昊　侯宇恒　侯振元　李银昊　牛遇千　马俊杰　肖　威　陈　煜　邱思奥　贺　喆　赵婉婷
李晓旭　吴寰宇　王文博　刘　瑜　王嘉钰　朱慧怡　方　俊　吴峻锋　黄克旦　李家华　吴溢凡　沈　攀
夏瑞林　李国丞　李明轩　张竞科　吴佳慧　张超然　张灵慧　魏　嘉　周沁心　张天一　马光明　孙朝阳
蒋可强　梁召晴　郭　昊　郭佳奇　张传森　陈柳均　张博文　嵇　祥　马凌轩　王　磊　曹鑫怡　杨嘉毅
钱滢宇　刘鹤霆　刘国辰　闵浩澜　倪佳珺　郭首华　王荣轩　韩　笑　程　孟　张国力　陈新页　顾乐祥
陈　庆　贾韫恺　黄灯峰　王　泽　游　理　陈世莹　张　洋　李　蓉　李会超　闫　肃　张婉忻　沈亚东
罗智文　乔鹏宇　王　昊　陈　云　栗庆夺　闫　晗　王真朋　陈展帆　扎西贡珠　尼加提·阿不都热依木
木汗买提·衣布拉音

天津大学机械工程学院2023届能源与动力工程1班毕业生合影留念
2023年6月12日

天津大学机械工程学院2023届能源与动力工程2班毕业生合影留念
2023年6月12日

天津大学机械工程学院2023届能源与动力工程3班毕业生合影留念
2023年6月12日

2024届能源与动力工程专业本科生

卢　慧　王思凯　胡启航　吕庆芳　李　坤　严正清　唐颖诗　李烨辉　刘嘉政　温颂博　仲苏萱　罗健恒
陈海若　柳宪浩　李延兴　陈光楠　王祯澜　孙新然　王俊皓　严子钦　戴嘉晖　庄宇宏　韩志杰　史文钰
马海龙　杨雨维　田青竹　王明煜　徐笳妮　王兆旸　马志刚　李欣罡　朱一波　逄钰家　肖文浩　张高鑫
高金浩　赵志远　邹莹莹　韩子钧　马　骏　岳　亮　董一鸣　李占卓　徐小峰　王林峰　廖冠森　杨　聪
陈秋宇　康加霖　刘　芮　许文娟　张乃元　孙刘畅　丁海龙　李　鑫　安子腾　曹博涵　李泽骏　王　晨
何可涵　宫艾言　姚依博　赵汉卿　朴是俊　吴晓昱　李佳琦　郭　昊　达瓦次仁　哈斯特·努尔巴拉提
董　心　刘　涛　汪　政　朱弘骐　富星语　李开元

天津大学机械学院2024届能源与动力工程1班毕业生合影留念
2024年6月3日

天津大学机械学院2024届能源与动力工程2班毕业生合影留念
2024年6月3日

天津大学机械学院2024届能源与动力工程3班毕业生合影留念
2024年6月3日

2021级能源与动力工程本科生

廖明一　毕芳睿　任梓赫　袁佳泽　姚伟斌　褚　彬　袁会荧　孙梓宸　孟思虔　杨凯涵　李相臻　彭贝炎
丁致远　岑智钦　张嘉轩　张　彤　彭一辰　秦佳钰　王思韬　夏　岩　韩　浩　王思琪　曾金亮　白佳鑫
祁荣智　杨熔宽　石茂茂　樊家滨　程思为　冯昕睿　徐安邦　苏怡燃　杨凯佳　赵汗青　杨秋瑞　黄一凯
武晓晖　宋兵兵　丁福鑫　郑博睿　赵岳阳　阳尚辰　淡泓臻　张照旭　谢俊浩　马其锐　杨智翔　周阗琦
沈新怡　刘世伟　李宗蔚　吴俊鹏　王天赐　殷鑫冉　赵希平　孔昱智　贺　闵　郝相杰　吕　凯　郑向阳
宋雨航　王雨萌　汪建民　黄柏伟　孙广彬　胥一臣　张翼飞　张盛越　韩秉君　苏肖建　次　央　章宇亮
张　澳　凌一瑕　古　京　吴　鹏　艾力卡尔江·阿里木江　巴合布力·赛力克　李振玮
安尼沙尔丁·安尼瓦尔

2022级能源与动力工程本科生

阿依卓力·阿依登　蔡　睿　赵卓然　周家乐　黄渝迪　李牧翰　牛博扬　陈骏豪　张枫　黄植极　董睿璇
方　镪　王琪瑜　孙宇欣　贡嘎群旦　魏思屹　李营营　贾晨曦　李嘉琳　张晨苗　沙玛文光　廖元欣　和剑霖
胡晓雪　周　毅　黄康嘉　曾佳佳　李嘉威　康梦琰　唐浩钦　布尔列斯·木哈买提热森　李　娜　崔皓天
杨志捷　张　璇　冷文摇　马晟楠　胡世豪　阿依胡兰·努尔哈艾力　旦增莫朗　池　嘉　郭　圣　王浩泽
国家俊　王卓豪　武　宇　刘立果　张思宇　刘凯锋　蒙继栋　陈振国　温雪丰　罗任钦　龙　艺　闫诚润
陈浩然　李睿超　巩嘉泽　程　功　雷　雨　阿娅库孜·卡得江　张鼎溢　郑　楠　杨卓翰　郭子睿　郑宇泽
林胜辉　潘勃旭　吴雨桐　杨　进　黄冬辉　许景一　黄德华　曹艺萱　颜子奇　马　钰　尹　栎　叶吕东
高　琦　张梓健　上官肖恒　荣天润　潘艳秋　安怡轩　赖泓成　李昕烨

1990级内燃机专科生

陈晓玲　崔启星　樊纪刚　戈　锋　郭久勋　黄丽萍　李　菘　李建文　刘　涛　刘天宇　刘延军　罗　彬
齐立青　尚建平　孙建波　王　海　王方亮　王克江　王迎玲　夏春强　徐树伟　徐志华　杨　喆　曾　斌
张　矜　张春雷　张丽雯　张培元

历届研究生及博士后名单

硕士研究生

1956年　黄宜谅

1957年　赵奎翰

1960年　许斯都

1961年　刘书亮　傅茂林

1962年　黄维汉

1963年　张元雄

1964年　粟士敏　袁汉三

1965年　王树奎　苏万华

1978年　张惠明　张淑蕊　段家修　高洪林　李新和

1979年　孙志远　马一太

1980年　张德先　刘蔡月　张于峰　翟贵立

1981年　姚春德　欧阳翔　贾刚毅　陆威宁　顾雏军　杜战功　许士欢　何亚平

1982年　郑进才　叶　枫　王亚伟　查庆民　张淑蕊　王怀信　齐　鸣　欧阳天洪

1983年　刘育民　岳　勇　朴英虎　吴一平　赵天寿　张俊利　张江波　刘昌文　柯　明　盛宏至　严晋跃　张太平　黄文博　李　汛　乔跃明

1984年　何　泓　李延安　孙惠民　顾晓军　戴文刚　张亚山　李恩邦　郑　杰　刘续喜　张中祥　薛　远　杨海青　孟　青　郭晓明　郑时如　许建新　单国梁　张太平　时家增　何　星　吴元筍　张中祥　王飞波　徐　鸣　程秋红　邵冠林

1985年　冯星野　黄　强　孙金辉　张德志　刘建新　崔国起　谭从民　舒歌群　林建生　尤林华　李国顺　周梅生　张春龙　陈无非　段宇宁　赵升洲　何瑞焕　顾　郑　王　力　姚同山　黄　疆　刘忠辉　王　旭　高　志　王金凯　齐承英　魏　杰　王　维　员雪燕　洪建芬　邱学农　文敦伟　覃　耘　赵　军　李新国　赵志彦　田小虎　朱　蓉　庞风彪　张国莉

1986年　李　冀　靳明芳　孟宪礼　王金华　王　辉　李厚良　杨长林　李燕宾　杜庆建　李玉良　金顺爱　盛连明　邱文倩　包铁成　张太山　陈　江　胡晓兰　王宏新　薛慧军　李秀燕　王世军　王世学　王泽生　邓京红　苏　泽　田小亮　赵海军　王大恩　游　英　刘　晔　苏　泽

1987年　蔡立波　张振华　冯　骉　左　斌　李长福　田小虎　马洪亭　刘小梅　刘万福　孔　华　王存仓　郭新川　李学锋　林振英　杜晓刚　田小虎　马洪亭　刘小梅　刘万福　孔　华　王存仓　郭新川

李学锋　林振英　杜晓刚

1988年　吴建军　陈凯　樊久铭　息树和　秦德　杨景云　梁旋铭　樊巨　高红勋　陈凌珊　汪双凤　韦秉仕　陈民　王军亮　王文来　王命棋　范晓伟　梁军　李红云　范晓伟　赵剑　李蔚　郑连生　阎润生　胡素勤

1989年　刘君　薛剑青　崔仁卫　尧命发　汪洋　史春涛　李建权　毛永峰　高文志　魏勇　蓝军　王德新　郑晓峰　汪健生　罗南春　朱书来　段日强　王灵梅　陈振乾　徐波

1990年　沈颖刚　彭志军　邓勇　刘敬印　李建成　宋飞舟　杜青　刘宁　裴普成　郑保国　周建华　汤齐　刘军　欧峰山　李忠　蒯大秋　王朝晖　岳杨　徐律　焦士龙　孙政　王艳　蒋书兴

1991年　杨伟萤　周海东　管烨　居萌诚　胡文　李海林　于敏锐　葛维晶　宋晓光　张靖钦　谷操　崔明贤　陈东　李明哲　徐鸿　杨昭　刘俊杰　朱旻　邢金成　宋扬

1992年　路明　曲大育　谢辉　王良煜　吴雄军　秦建荣　白兴艳　陶俊卫　汪雪四　申兆伟　刘成科　王国军　邱先文　毕月虹　柯权鹏　高志明　王逊　邓霄燕　陈雷　陶建军　杨俊红　赵旭贵　查世彤　刘可心　王军　张迎军　刘文倩　赵磊　孙英英

1993年　张延峰　刘月辉　刘坦　宋如刚　林荣文　宫卫东　王天友　古文革　肖浩栋　郑二闯　赵丹平　曲修志　张嘉辉　崔明辉　杜小泽　王奇　陈忠海　李岸　李希晖　孙克涛　曲凯阳　古文革　杨敬　李晓鹏　黄燕　杨立军　李力　许淑惠　王文

1994年　卞小明　陈燕　孙晓燕　李治安　戴树生　龚晓辉　刘凯　张雪凯　章军　李绍安　刘双喜　杨礼和　叶敏　张利民　张东辉　孙军英　闫守宝　童军　杨凯威　万国承　徐松

1995年　李勇　祖炳锋　许学举　何永生　裴志红

1996年　付鲁华　郑尊清　杨洪敏　王健　顾善愚　任立红　王宝亮　朱雯婕　杨凯威　刘立平　张利民　闫守宝　付里　徐松　魏东　陈晖　杨英　张宇

1997年　汪剑鸣　曹诚　李远洪　戴海涛　裴毅强　吕刚　吕静　金志军　马远

1998年　杜红　江俊锋　林铁坚　刘增勇　罗毅　王莉　张珂　张宇　涂锋华　冯洪庆　刘瑞芝　王康迪　解德强　宋佳钫　涂岱昕　洪芳军　张盛如　苏华

1999年　蔡晓林　陈薛　丁华利　高昌卿　胡华　刘雄　吕兴才　孙家峰　王国祥　张俊红　张平　张震　狄小刚　李晧　刘方　马晓科　杨立新　李海龙　王华军　杜兰萍　邹瑾　童春荣　赵毅　张源雪　赵鹏　袁伟峰　牛莹　王连声　胡璟　张伟　赵黎丽

2000年　程金林　程文明　丁宁　高雪飞　龚英利　敬章超　雷卫　刘世文　秦静　沈红斌　殷建锋　尤兵　张志福　赵振武　周颖　宁静红　马利敏　王晨健　陈金花　李艳　孟向军　梁宏　龚宇烈　程珩　刘卫东　薛珍岚　刘圣春　雷海燕　梁江　师新广　陈晓忠　王同喜　王强　孔令友　吕跃　高林朝　贺宝峰　周倩

2001年　石俊伟　于吉超　从胜辉　佘国核　佘本雄　冯敬奇　刘朋　包俊江　卢艳彬　吴兰芳　吴正　周能辉　孙田　张晓宇　彭禹　徐冠鹏　景秀并　朱涛　李云强　汪葵　胡军　苏炎玲

金中国 韩睿 韩静娜 顾维东 安青松 苗志彬 刘奕晴 魏璠 李伟 苗常海 李兆力
齐春华 薛玉伟 牛宝联 汪洪军 陈占秀 梁兆惠 邢英丽 郑臣明 余乐渊

2002年 陈达亮 成存玉 崔润龙 董明哲 段峰 傅伟成 高瑞 顾祥龙 郭建军 吉庆 蒋宁涛
李兴 李志锐 梁霞 刘斌 马万福 裴元江 宋小武 谈秀菊 杨林 于镒隆 张军
张振明 赵明 郑朝蕾 朱红国 张新画 杨君涛 王晓华 郝睿 宋德坤 颜爱斌 胡静
段增宾 周欣 张春雷 崔凯 韦雪松 杨强 杜明星 杨玉忠 姚涛 翟炳贤 渠颖
焦永刚 张宇

2003年 蔡文利 陈昕巍 程传辉 程晓鸣 邓玉龙 方翔 高祥 关顺吉 郭红松 郭振鹏 郝明德
黄晨 焦运景 李丹 李小倩 刘建国 王静 王立彪 王雪雁 王艳霞 肖斌 邢元
张广宇 张霖 张岩 郑勇 王朝露 汤俊洁 李丽梅 马利蓉 王洪成 高金水 肖恒
董海虹 张金亮 陈启 刘贞贞 黄翔超 何坚 陈志豪 王利 李赫 刘晓东 黄涛
金国民 耿春景 葛昕 谷琳 宋著坤

2004年 陈礼勇 陈韬 范岚岚 冯黎明 郭军华 何宗意 姜泽军 李菁 李明 李晓娟 李晔
李志刚 刘兵 刘刚 刘俊栋 刘希波 牟江峰 桑海浪 沈国华 史家涛 宋平 孙小明
陶金田 王昊宇 王姗 王铁宁 王永升 魏志鹏 吴召明 杨冬冬 余小红 张景川 张文美
张妍 张瀛 李博 刘秋菊 邵福喜 王继霄 杨东旺 张金凤 张永发 曹滨斌 段征强
邱雄飞 高攀 刘国强 马永涛 王宏卯 王健强 张俊祺 赵兵全 白丽莹 张耀华 陈雁
李思远 刘婷婷 张尧

2005年 代祖明 范嘉睿 黄涛 劳毅仁 李楠 李宁宁 李帅 李元平 李之华 李卓 刘士钰
刘义亭 吕振华 马召祥 马志超 倪广健 冉勇 任美林 施维 史鉴明 宋东先 宋景景
宋玺娟 孙吉娜 王海洋 王伟林 王小鹏 王鑫 王璇 吴尚平 杨建坤 于文斌 张宾
张波 张宏超 张家雨 张建平 张庆锋 张宇新 张玉倩 赵磊 赵炜 周颖超 朱志强
杨路彪 何源 朱禹 栾茜茜 周华琴 李亮谊 李娜 刘志毅 董瑞芬 李云 沈亮
曹志勇 韩敏霞 贾丽娟 孙乐川 王娟 刘继者 阎媛 杨睿 张恒春 汪琳琳 汪耀东
孙健

2006年 班智博 陈昆 陈生齐 崔振兴 邓伟 高文斌 韩伟 胡春林 胡华强 户登飞 雷晶莹
李洋 栗娟 刘朝永 刘大明 刘义克 毛立伟 孟庆媛 牛文博 潘锁柱 潘志前 石皓天
宋贺 孙玉亮 郜艳芳 唐江 田建勇 田兴旺 王浒 王辉 王阳 王蒸 夏春雨
许世杰 杨云波 尹君 张树梅 张桐山 张微 张小红 张学恩 张悦 张志辉 周振巍
高松 郭涛 乔琳琳 胥晓旸 田华 文子强 冯帅 李志强 刘立伟 张亮 卢素珍
石化永 王晓东 曹伟 丁静萍 郭英利 何军峰 刘明亮 刘媛 刘运陶 王明涛 王雪梅
邱宇

2007年 陈柱林 刁伟 丁济凡 丁云波 董立辉 杜宏飞 范继晨 盖超 高敏明 韩伟强 何方
焦鹏昊 李旭聪 李艳丽 林杰威 刘潜 刘希 刘学龙 刘永志 刘岳文 吕登科 马鑫

	孙 剑	孙 强	田青云	王昌庆	王 林	王 龙	王维群	王怡峰	温 佩	吴喜庆	杨彬彬
	于磊罡	岳 艳	张东明	张东明	张桂昌	张静旭	张 鹏	张清茂	张 伟	张 震	张 祚
	赵霏阳	赵文锋	郑振鑫	周 卫	朱晶宇	朱仲文	庄 远	储静娴	冀英杰	龚文瑾	刘和成
	郭 睿	肖衍党	陈胜华	徐 涛	宋欣阳	张圣君	张 鹏	赵 磊	朱 刚	葛 鑫	王建立
	熊 壮	管巧丽	韩 丁	潘利生	许家琪	邵 敏	孙海涛	孙凯华	孙明迪	王 健	王晓鑫
2008年	包士维	陈乃转	陈永贤	董庆兵	关 娇	郭云杰	韩吉锋	何振鹏	胡志林	霍少峰	季安健
	李 程	李 乐	李 强	李天琦	李研芳	李彦飞	凌 健	刘文超	刘文剑	柳茂斌	鲁 祯
	马正颖	苗 垒	潘 中	秦 浩	申孟芹	施星鸥	司晶晶	苏庆鹏	覃玉峰	陶 冶	汪晓伟
	王 飞	王福香	王刚德	王 菁	魏国东	吴乃鹏	谢必鲜	谢腾飞	熊 仟	徐广兰	徐敬照
	徐 立	徐帅卿	许汉君	闫方超	阳向兰	张翔宇	张 中	赵海宁	赵子行	周怡博	朱广艳
	朱云龙	陈 晨	赵 丽	王秋香	贾艳敏	刘 璐	杨志琴	阎美辰	张 奎	王 伟	张文征
	苏湛航	吴 伟	王 磊	赫广迅	张子坤	李虎强	杨振华	殷亚州	赵学政	姜 强	郑 义
	尹士海	周 鹏									
2009年	边 强	董大陆	都成君	杜寅威	高立波	巩国宏	管 磊	解寺明	鞠 兵	鞠茂伟	剧成成
	李春城	李康宁	李 峪	李彦涛	刘 斌	刘二喜	吕 锋	马 梁	毛欣欣	梅一帆	牛子洋
	曲宏伟	史 宁	宋明志	唐青龙	王卫晓	韦慧勇	吴明茗	尹 超	张 恒	张 军	张润泽
	赵 静	钟 博	朱晓明	察晓辉	常 青	陈 慧	陈 毅	段震中	敦立明	耿 鹏	韩 旭
	何浩然	贾旭岩	李 浩	李骥琦	李永哲	李哲名	李 政	刘军恒	吕 永	马红杰	马文朋
	宋 康	宋振垒	孙 凯	谈秉乾	陶成军	童来会	王坤鹏	王 磊	王新颜	王 振	王忠远
	王卓卓	魏立江	吴 虎	吴松林	武 珊	肖 刚	信 曦	徐 涛	闫泽双	杨 硕	易 林
	于书海	虞卫飞	原 达	袁 锋	袁行波	张 晶	张文斐	张亚军	张志强	赵 伟	赵新峰
	赵智博	周小波	朱永生	邹庆武	陈清莹	程 彬	程大朋	韩 同	李 琪	刘学章	刘忠彦
	王凯洋	吴 翠	严雨林	张美兰	崔倚琳	高 腾	高原原	纪 超	李 慧	刘兆永	宋卫东
	谈西锋	云海涛	陈爱强	胡晓辰	马 锋	吴 曦	余龙清	赵翠翠	邹玉飞	潘栋超	郭 渊
	王德成	栗 明	蒋璐璐	潘凤文	王琛秋	王志坚	周庆峰	李 超	于 勇	刘金美	高 茜
2010年	陈兴龙	范 宇	付雪青	郭汇江	洪 斌	胡 灿	霍晓飞	李宏江	李林洁	梁玉辉	梁志鹏
	刘 昱	刘昭云	吕梦梦	宁锦标	庞 阔	史运栋	孙 超	孙慧慧	王大彪	吴学舜	武 炎
	杨 波	杨跃滨	张倓恺	张文强	周 鹏	周 正	包 宁	曹志成	陈 东	方 强	谷静波
	郭守昌	何文运	何亚军	何 宇	洪 亮	侯亚帮	金 帅	金昱森	赖伟东	李 桦	李吉亮
	李善举	李苏苏	李小龙	李周裕	刘 磊	刘 轩	卢小锐	马二林	潘家营	彭 炜	宋飞宇
	孙晓东	谭琳琳	王恩东	王姝荔	王 双	王月森	卫将军	温占永	吴永惠	熊 淦	徐 彪
	徐 佳	杨 灿	杨 康	杨雨田	尹连浩	于国鹏	余 晔	岳宗宇	曾丽丽	张海岩	张基伟
	张 杰	张连方	张 强	张 震	赵 健	朱天宇	代宝民	付 兴	焦文静	井广宁	李 彪
	田永生	汪育超	徐 勇	闫秋辉	杨成思	张志巍	鲍军江	高留花	李晓光	卢志勇	张军朋

张雯雯 赵玉龙 郑　楠 王晓明 张百浩 张　娜 朱宗升 李一达 齐金成 韩文涛 李树花
戎维维 刘智涛 栾继超 韩　卓 甘智勇

2011年 常　庆 陈贝凌 陈双喜 陈新红 陈　宇 代玉利 高东志 胡潇宇 贾　琦 康　娜 孔令存
赖健明 黎长乐 李　博 李　超 李小毡 李　逾 李云龙 林　煌 刘丽娜 卢　俊 毛　斌
苗　永 宋志平 唐　超 佟　强 汪建才 王佳斌 王　健 王凯楠 王全刚 温永慧 吴少华
吴亦宁 徐子喻 许晓菲 杨　博 冶　麟 伊吉明 余海涛 余　浩 袁　杰 臧儒振 张洪洋
张建业 张良良 张万里 张晓奇 张寓皓 赵　鹏 周　浩 周建伟 冯远征 葛云波 郭　磊
韩广明 靳鹏超 李夏杰 李彦哲 柳巍栋 石　磊 王振川 杨英英 张晓文 朱晓杰 黄小雪
刘　庆 刘　艳 任慧琴 谭雨亭 王　甫 宿向超 杨兴洋 余壮壮 张　馨 陈远飞 冯登全
付朋飞 谷　俊 关　帅 郭东奇 解立艳 李维伟 李晓东 李云昭 林宇龙 马　翔 孙宏科
孙　康 孙秀秀 王　景 王鹏飞 王　帅 王钰沛 夏　锌 肖昌躬 肖鸣飞 许媛欣 杨士超
翟俊萌 张　栋 张海佳 张亨洋 张　龙 张琪林 张少哲 赵文龙 周文婷 朱云尧 朴有哲
冯天骥 陆荣荣 王少菲 汪道远 邢　阳 李志会 崔　琦 于江林 张宝祥 郑奕龙 姚洪洋
张　巍 蒋　勇 叶　敏

2012年 潘　望 薄华宇 李成宇 梁　娜 鲁　池 王　欢 王　珏 余文芳 赵文静 赵云俭 高　维
黄　炜 孟金英 张　星 赵睿恺 赵玮奇 曹曼曼 陈　皓 高媛媛 龚泽文 韩国鹏 韩　璞
何　璞 何诗洁 侯普辉 胡东宁 黄雪峰 贾晓杰 李　翔 李星韵 李艳荣 李永志 李忠鹏
廖方楼 刘　辰 刘　晓 刘宗伟 鲁　鑫 马永翠 戚长城 祁鹏飞 强　强 商艺宝 申博玺
孙宏洁 孙彦哲 唐瑞东 王明珠 王思文 王翔翔 王　轩 吴田田 杨　澍 杨　阳 杨兆山
叶　飞 尹述君 俞　瑶 岳　朗 张承宇 张　柳 张文娟 张宪会 张一丹 赵鹏辉 赵自庆
朱传峰 蔡文生 康振华 李　萌 李　扬 田　田 赵松松 郭少宏 陈昱锦 仇荣赓 范啸天
龚秀峰 顾昊翔 韩　松 韩雪松 胡金杰 黄海军 黄　宇 李　成 李　达 李团兵 李星莹
刘威威 刘　印 罗　超 罗梦圆 马　鹏 牛成珂 齐　贺 邵光威 唐梓彭 万明罡 王建云
王　科 魏　超 魏　群 武政杰 徐博睿 续　晗 姚　卓 于　宁 张国伟 张立淼 张志强
赵　峰 赵　越 朱文曼 左　鹏 李文强 王建超 徐　磊 罗代伦 简才全 李正华 许　银
王俊宏 戴瑞义 唐　江 孙玲玲 李庆峰 杨开会 陈　翠 杨　凤 刘国栋 王洪山 李成艳
张伟刚 李鹏程 王晓云 任　健 徐长科 王　涛 林　钰 李文广 王金环 张少栋 张朝阳
宋常伟 丛孟营 李文涛 李　冰 李士振 万永召 刘月梅 杨守京 郭圣刚 高　莹 李兆强
魏红玲 康明明 刘智光 王方明 王　洋 张培祥 杨占岗 刘洪旺 金玉臣 杨　智 张　健

2013年 陈朝旭 陈孔武 陈　权 陈伟睿 邓　豪 窦站成 范明哲 方熙宇 冯　浩 耿培林 顾文钰
郭　迁 郭银飞 洪刘生 黄群锦 姜　娜 刘光义 刘　祎 刘以萍 刘　懿 刘子奇 龙　彪
梅林波 饶小康 尚　芳 沈世全 石凌峰 孙德增 陶　康 王　楠 王书典 王亚军 王元丰
危红媛 杨　竞 杨　胜 张　淼 张泰钰 张喜岗 赵烈剑 仲伟军 周圣凯 祝宇轩 程浩杰
崔亚林 高　明 栗超凡 林蝶蝶 马　赫 任黎亚 王　飞 王　晓 张　宁 左鹏鹏 李擎擎

李子申 刘克涛 文 珏 吴秀杰 叶佳琦 苑立君 张志英 赵 栋 陈 贺 秦梦雪 白 曼
别文凯 陈建明 陈明锋 陈世兴 陈伟健 陈 旭 范皓龙 盖宇飞 耿鹤鸣 巩启涛 管文军
韩 欣 何 浪 黄 浩 江维海 姜慧慧 李国田 林章磊 刘 琳 刘 伟 吕佳桐 马常胜
马 帅 马 腾 聂尔冰 聂国乐 祁芸芝 宋晓超 王大为 王 惠 王霁宇 王 健 王 强
王源涛 肖 冲 徐亚坤 许之兴 杨 贤 杨征睿 于 刚 张 晶 张 淼 张 扬 张作为
钟小凡 朱亚亚 祝 俊 王同金 荀长河 何道刚 丁志永 李 翔 李孝珍 宋 杰 徐福成
张小田 钟绵远 陈宏波 单 鹏 高 博 王 成 王赞宇 于 洋 张大伟 张立鹏 张潇文
张 玥 周 波

2014年 毕延飞 车家强 陈 科 陈 曦 范新雨 丰 雷 谷志伟 郝蒙蒙 郝田园 侯力玮 胡江涛
黄广岱 贾若愚 瞿 伟 孔祥金 李洪涛 李冀辉 李明顺 林长林 刘慧峰 刘美娟 刘 萌
刘世宇 裴自刚 孙雅坤 汤 琛 滕升平 田相龙 涂 波 王 斌 王伟光 王小峰 吴涛阳
肖 欢 谢 旭 张洪升 张 岩 张玉声 宗培越 邹 宪 陈 雷 陈雪龙 高 静 靳亚楠
李 戈 李宇曦 卢金画 吕 岩 孟庆良 岳开红 翟 哲 邹稷康 董艺玮 郭 强 李 浩
吕峻薪 赵 晴 冯 彪 翟 瑞 蔡霁蕾 陈程杰 陈金星 崔明杰 封换换 高 超 郝 靖
何王波 胡 斌 霍永占 贾 亢 姜 瑞 李 冰 李 静 李 君 李君峰 李明坤 李晓峰
李修飞 李秀兰 李月月 刘建飞 刘金松 刘向波 刘 洋 刘一楠 卢永强 孟 锋 王 聪
王 磊 王朴方 王齐英 王秋环 王维志 王 亚 王耀辉 王志强 武聪山 谢添玺 杨 飞
杨 晓 杨子明 姚昱儒 詹志纬 张慧祥 张静静 张瑞昌 张小雨 张许扬 张志刚 赵乐文
周 奎 周 炼 周仁杰 朱伟杰 邹泽宇 阎 岩 白 昊 白 鹏 鲍金源 陈 博 范海龙
冯 彦 高伯阳 高 鑫 罗国良 马晓宇 宋 适 孙方军 王 浩 武建国 许云山 张洪柱
朱 杨 邹正伟

2015年 安世佳 查海恩 常立文 陈 超 陈 凡 陈 鹏 段建宇 范雪琪 高 健 何 丽 华剑雄
井东湛 雷 程 李彩云 李代强 李 红 李 娜 李 楠 刘健康 刘屹清 刘 宇 马乃锋
聂小焜 秦 明 冉兴旺 阮迪望 邵爱芳 史俊杰 王 晨 王 杰 王 琨 王雪颖 王玉龙
王 悦 王贞远 吴明强 徐思鹏 严南华 杨 彬 张大源 张 宁 张鹏超 张鹏飞 张顺凯
张晓林 赵永欢 郑 勒 周嘉珣 朱亚永 朱志杰 白雪玉 陈玉涛 何俊南 李颖玲 刘李娜
刘梦阳 秦 震 王 盼 赵洋洋 曹春辉 董丽坤 姜 丰 李泽林 孟 龙 倪佳鑫 王 妍
王 志 许伟聪 许文华 高轶德 张 雷 曹忠烨 陈子洋 程 彰 褚 辉 高 琳 葛 明
郭 鑫 韩 煦 胡 欢 贾梦秋 姜 鑫 焦道宽 金 超 李 想 李 晓 李 鑫 刘 博
刘 磊 刘 涛 刘 为 刘希锴 刘 钊 鲁红磊 马名扬 南来福 师文洁 苏播阳 苏鹏伟
汪 昊 王登峰 王光耀 王解托 王其平 王 伟 王 旸 王毅博 王泽普 吴永娥 武敏月
辛光磊 徐志超 杨桂清 杨 欢 杨玉荣 杨志伟 叶 映 于海鹏 于 淼 岳利可 张 丹
张鸿杰 张家琪 张满富 赵广兴 赵忠瑞 朱彦涛 刘紫宇 赵 泰 王国峰 申 帅 石海涛
张晓静 刘艳利 邢立丽 孟庆瑞 元 虎 李亚芬 胡睿杰

2016年 毕晓慧 刁梦珍 胡　康 李婉艺 梁昭军 王　派 吴菲菲 吴宇康 许文杰 张明蕊 金　玉
李思奇 马铭璐 邵亚伟 石　宇 孙太尉 赵东鹏 曹欣怡 董　凯 段超阳 樊林浩 高　斌
胡　琛 胡耀辉 江枭枭 蒋　杨 李烽超 李林卿 李临蓬 李少华 刘爽爽 刘越玮 卢　晗
卢莉莉 马春山 马桂香 马国斌 马俊生 米　姗 齐家悦 尚　冉 宋启新 宋昱橙 汤周杰
王　赫 王怀印 王晓文 王　煜 王志东 卫利峰 魏子清 吴康成 吴中浪 武承如 夏明涛
夏志峰 徐在龙 杨浩奇 杨佩剑 杨　智 姚　远 余　洁 喻志刚 张　备 张　飞 张龙龙
赵国兴 朱伶雅 朱孟倩 李　宁 李双俊 罗　娜 陶志超 白　龙 曹丽娟 畅妮妮 陈桂兵
陈柔先 崔旭阳 杜迎梦 范亚茹 房性会 冯　军 冯鲁煜 付彭宾 付长来 宫志达 郭瑞涛
贺子晗 胡启帆 黄思睿 贾　晨 康　瑞 李林军 李明宣 李默雯 李禹函 历成强 刘　婧
任　雨 荣　松 石　皓 宋安达 汤代杰 田轶夫 汪　洋 王晨晰 王竞逸 王　鑫 王雪峰
吴　越 席博文 徐　鹤 许　贝 杨　嘉 杨渊博 姚冬春 姚　鑫 张弟平 张恩兴 张国辉
张佩佩 赵连民 朱志峰 李树花 李占东 刘　杰 颜　伟 蔡海涛 苏晓芳 张　雷 左　洋
樊　霄 王　奔 王　露 李　付 宁方勇 张　猛 谷　峰 于　洋 刘世锋 杨明亮 彭庆永
钱文娟 毛开清 丁　良 胡义强 成　竹 张　斌 李金中 郭恒彦 陈　曦 崔维维 姚木申
王怀静 庞洪涛 纪志凯 冯　恩 陈建君 商保刚 郑　晴 于海博 杜　俊 李恩哲

2017年 曾　龙 焦　钰 李嘉舒 廉　璐 田向东 余　浩 张丁凡 雷玉娇 林　杉 刘博文 隋祎凡
王诗贺 余　飞 朱仕林 蔡　东 蔡金文 查　森 崔雁清 范立超 郭建军 黄　宇 李春雨
刘怀宇 刘敏江 刘明宽 刘子阳 柳佳辰 罗正刚 牛培铮 齐海成 石皓天 王海龙 王静超
王龙龙 王梦玉 王　燕 王佔元 魏鹏飞 魏石峰 魏　涛 魏招毅 吴　浩 杨　坤 易文韬
袁　一 詹若冰 张洪涛 张晋新 张彦科 赵博文 赵　晨 赵浩阳 赵欣颖 赵英博 郑志伟
钟力嘉 周　侠 李　帅 赵文仲 毕　元 陈利国 陈梦园 陈绪望 陈裕博 崔　京 丁　权
董　奥 樊广志 冯　蕊 冯译方 付守利 郭大伟 郭嘉翔 韩佳丽 胡立凯 胡　祯 黄家宁
霍　旭 吉　姗 蒋　伟 李常铭 李　杰 李梦觉 李锐涛 李晓伟 李雅楠 李亚松 李艺漩
李昱翰 李兆宁 李志遥 李壮壮 李子龙 梁一凡 梁怡琪 刘　斌 刘　峰 刘吉绪 刘建宇
刘展睿 刘志远 刘宗宽 马浩原 米　雪 聂振华 宁　创 牛　健 上官祥 沈鹏飞 石　盖
苏思源 孙丽芝 孙　瑞 孙晓妍 陶余灏 王　辉 王　科 王　瑞 王泰斗 王希昌 王献泽
王玉诗 王　悦 王子晔 吴晓松 肖洪成 谢金元 徐　帅 徐天舒 徐耀锋 徐志强 杨鸿镔
袁成威 袁列杰 岳泰安 张更伽 张建飞 张　宁 张　韧 张荣鑫 张子鼎 赵婷婷 朱观宏
朱庆洋 朱　越 李晓腾 崔陈铭 代永刚 冯文浩 郭　威 和富超 侯晓丽 金　奎 连亚晖
刘　威 刘煜光 孟祥瑞 彭振山 汪大海 王福中 吴　鑫 杨　诚 杨　棚 杨玉宽 张海涛
张建国 张军城 张晓林 周杨洲 白　杨 王礼强 欧阳康佳

2018年 丁雪莹 郭志昊 胡　雪 孙泽宇 王稼晨 许竞莹 杨轶楠 朱　琳 庄　艳 陈瑞华 杜振宇
付伟娟 谷云程 卢雅妮 程建刚 程　鹏 董蒙蒙 董翔宇 董振鹏 范旌正 高　妍 季梦溢
贾宏杰 李浩冉 李启锋 李　煜 李长锟 刘　浩 刘明超 刘诺浩 刘亚龙 陆　逍 吕　旭

	邱俊松	石晓磊	王灿	王佳男	王诗文	王祥庭	王莹	王梓轩	文铭升	吴滨	吴诗雨
	徐海辰	叶奕翔	张传奇	张普	张志强	赵明昊	周扬	邓秋佳	苗国民	边治上	蔡玉洁
	曹鑫鑫	邓龙飞	董盛	杜续	冯帅	付建欣	高冠怡	高强	高懿	高玉川	葛慧明
	葛滢滢	耿昌佑	谷江鹏	郝彩凤	郝璐璐	何永辉	贺红	胡崇松	黄枢	贾飞飞	康克
	雷海洋	李畅	李诚	李凡	李劲松	李匡迪	李龙清	李强	李姝	李帅瑶	李宪宇
	李扬	李宇寒	梁贺	廖秀科	廖祎	刘昊	刘乐海	刘威	刘雪涛	刘洋	刘禹
	刘志伟	龙旺	鹿杰	路晓瑞	罗威	吕继康	马崇宾	马苏会	马文达	马宇乾	孟雨
	弭慧惠	苗田伟	彭忠	钱振环	钦宇航	裘永波	瞿国凡	邵灿	师培丰	史吏春	史鑫
	史鑫钰	孙婷婷	田梦园	童盛稳	王剑	王威	王伟康	王煜乾	王作吉	吴冠	吴洋亦
	吴业振	武立振	徐昌健	徐顺鑫	徐闻	徐姚亨	徐志坤	许亚涵	薛劲梓	闫祺	杨彬
	杨宗豫	姚良	姚埉	叶自旺	张国伟	张浩	张静	张启锐	张盛世	张朔	张元清
	张钊	张振东	张志宇	赵金	周天意	朱瑞	左青明	布帅波	陈冰	崔方杰	冯钟辉
	何远宏	侯亦波	胡孝成	姜山	刘海港	刘洋	裴亚彪	孙山峰	谢林霏	袁靖肖	占威
	张天雷	张鑫	杜建国	李睿卓	李军	史宝明	郝超	秦超	李思宇	周猛	
2019年	潘宇	李靖轩	张可牧	李雪	赵洁	李豪杰	柳佳丽	孙鹏飞	王启帆	洪鹏	张德谦
	梅书雪	马睿杰	白梦洁	王小元	陈丽锦	王园梦	王欣	李鸿瑞	霍达	潘俊杰	任亚鹏
	王家歧	秦政国	许丽娜	吴鹏	许朝阳	张波	钟凯	孙诗跃	宋立群	王磊	树凌云
	张守振	刘玉文	陈淑婷	宫智超	叶盛杰	董阳	廖寄语	杨子俊	聂靖宇	邢岩秋	杨爽
	李金泽	刘国坤	边幸燕	冯博程	孟庆鹏	赵君秀	郭桥雨	支沛瑶	韩磊	唐若月	孙菀露
	何昱	闫丁洋	于潇	陈思亦	张春明	王博伟	梁亚楠	孟庆瑶	齐鹏	李明	徐佳晨
	任溪滢	张瑞	刘兵	刘东喜	聂梓茜	孔史茹	王文超	牛锦涛	王源铭	李梦圆	徐华石
	郑德	张媛媛	明镇洋	李晨阳	车胜楠	李智洋	何嘉俊	艾有楷	王楠	马继成	李聿容
	王梦凯	卢天龙	李斌	曹兴达	许一帆	董丽玮	崔棉善	陈向阳	杨轩	詹浩淼	杨钰郅
	蔡雨青	刘忠臣	高洁	班杨杨	杨鹏晖	董方圆	李新天	宋运通	张诗野	张涵洋	陈凯
	刘铭礼	刘沛林	赵浩阳	王明博	李金璐	郑鹏飞	邱潇雨	沈毅立	董文鑫	潘成	李欣松
	李梦杰	候奔	张松	罗伟凡	陶恒阳	杨小涛	赵志涛	张雨生	毛一玲	姜克诚	刘艳红
	陈鑫	张鹍	张福强	薛鹏飞	管承硕	李潇	药卓效	刘子枫	杨本聪	王彦军	刘梦雨
	肖迪	曹世博	宋波	张泽	孔祥恩	李振	贾志	曹俊贤	李金光	胥奇	王妍
	柳明亮	刘春雨	石宏志	边治上	王膺博	王宇珍	陈大昕	姚瑶	陈梦超	徐世依	邢治云
	黎迎晖	樊越	孟璐璐	郝东震	刘智博	逄格钧	冉庆富	李永红	范昌易	吴开龙	任远鹏
	阚雨鹭	顾磊	陈旺	齐文景	黄冲	张洪艳	贾新颖	孙非	王昊鹏	林强	褚国良
	任皓										
2020年	马晨铭	林钰梅	刘宇航	唐英伦	宋瑞涛	徐云峰	高尔聪	张悦雯	靳守营	尹硕尧	费腾
	张榆川	王园	张宇鑫	张宁	宋超凡	李俊杰	王傢俊	金旭豪	陈柄朝	谢昱卓	王洁明

殷云飞 李默涵 胡东 范韵田 薛娟 苏丹丹 谢娜 张益铭 林耕毅 陈张杰 朱天际
张希喆 孙悦 付泉衢 张帆 周泳 陈津杏 丁元勋 李中淼 李思潼 张晓腾 李蒙
文浩 张蕾 郭帆 高清臣 李哲华 房豪博 邹佳华 林鑫 王泽宇 张凡 苏力德
马庆国 张辉鹏 杨雨 席裕民 高伟 李朝民 韩姣 闫若雪 翟贺丽 尹剑 张厚鹏
李佳美 李元昊 赵葆江 刘姝琦 张晓力 李杨 苗小旦 侯婉靖 王云晴 宋腾达 李梦瑶
许璐 许华丹 钟郑涛 刘恒 刘浩田 葛家楠 刘钦旺 杨绵松 靳远扬 修国涛 魏晓宇
丁一 张梦飞 朱剑啸 傅煜郭 白亚迪 王宇 赵德阳 岳润飞 钟彤 江杭朋 张晓宁
李杰 郑毅 王学豹 张黎明 刘铮 李祥成 胡芮 崔立峰 闫靖文 秦鹏伟 张亚林
王竞 温馨 张媛媛 王勇 罗锦鹏 何钊贤 徐虎 贾梦楠 周忻怡 马建义 马孟昊
苏智阳 李一达 陈永 丁以雄 王冠月 庞皓乾 王庚源 王西博 蒋东东 安利鹏 郑家阳
盛明 张恩瑞 陶大同 林伟鹏 卢志远 岳雯 李申明 韩宁 吴向阳 字振源 张亮
钱志广 林章熹 陈勇前 韩荣港 王家勇 范晓峰 朱宸震 张文喆 许植超 武泽清 李辉
马东元 沈晨 孙昕昊

2021年 吕金峰 杜昊悦 刘博昊 徐一森 邵盼盼 孙博阳 郝思寒 王念 秦志坤 郭颖莹 陈福军
刘乙锡 万思萌 殷艺玮 凌智 朱超沂 李建 胡俊楠 王潇洒 赖茜 刘川川 张越
王耿辉 于宜禾 李竹晴 张付官 崔世博 董子哲 刘志航 李玉龙 张鹏勃 黄炎梅 罗银幂
刘骁 袁苹 王恺忻 王宇鑫 刘梦涛 吴钦然 陈国徽 罗逸伦 李梦佳 冶建鹏 张孟南
郜勇翰 梁鹏宇 张长怀 宋业城 刘梦鸽 黄志雄 唐佳媞 王月 范玉聪 赵福艳 庞震
耿潇祎 李怡暄 白雪 孟峻巍 田镇岭 王文章 李淑慧 段倩 潘蓓蓓 王强 许文振
刘元超 苏丹祺 廖锡峰 徐冰清 胡茂芹 路广 唐吉虎 冉澳新 姚杰 吴艺博 樊亚丽
夏然 苏瑞杭 杨开 陈旭 魏林涛 张广全 范东瑞 张琦 张俊峰 钱兆一 孙鹏
吴静 黄逸超 韩嘉昊 郭长振 夏逸凡 胡鑫蕾 徐期峰 杨东方 王亚泽 佟远宏 吕和音
刘运佳 李涛涛 张时杰 闫志文 华新禹 韩玲 李佳男 陈美美 郭一航 王宁 臧月研
张贺 王开亭 谢安顺 崔浩 吴玥 赵硕 周佳琦 谈柱恩 缪永慧 赵端正 刘念
胡小忠 杨明堂 杨菩泽 马俊杰 王哲 刘卓昕 黄泽远 马璐璐 霍超博 郑庆贺 刘雨松
范鸿钢 任玉茹 李晨晨 陈智 王标 郭智 刘义遥 凌石林 王栩晴 郝嘉 秦唐
郭耀宇 王丽莹 郭立祺 钟丽莎 程浩天 贺鸿鹄 陈朝国 曹洋 郭向阳 黄罗炁翟

2022级动力工程及工程热物理学科硕士生

全日制：

于子涵 张家麒 王志朋 周雨萌 韦增春 叶晨曦 史泽坤 李豹 郝雅 王光亮 尹冰倩
刘媛媛 侯佳鑫 薛睿 陈彦君 常伟德 张璇 李金宇 邓旭阳 康晓燕 宫佳蕊 吕志捷
赵楚怡 熊涵娉 刘学良 程浩澜 郑奥迪 龚靖尧 黄林辉 黄致新 李娴 雷宇阳 宋哲辉
宋子聪 王春宇 王渤 王宇松 柳瑞涛 胡雨馨 沈世成 张朋 杨钦 王锦洋 余志强
郝津德 刘锦钊 杜文 张煜 王春雨 赵含笑 刘鹏程 郑涛 王译平 孟茂 史少远

张志勇 曹惠琳 韩雅娴 刘佳宁 曾鹏霏 聂孟龙 张宇轩 王晓凤 赵博伟 李跃 朱昌荣
刘霖 拜浩然 刘鑫 彭荣翔 陈赋斌 李方轩 刘奇 侯焙然 董潇潇 檀丛青 孟春阳
王威远 卢云义 单沅 杨晰予 赖彦辰 姜舒晨 陈嘉宝 张文轩 庞凯 马俊青 姜菲凡
冷云开 刘志喜 左瑞旺 李庆阳 王文杰 孙尚锋 刘泽伟 王俊 夏龙斌 赵衡 刘绍华
孙田依 焦恒博 刘雪松 吕方明 刘子晗 李炎 罗邦尧 姚俊奇 魏剑神 牟玉鹏 辛雨舟
张家兴 石珉槊 张宇 雷昊颖 黄希文 王世纪 闫林鹏 胡岩松 刘佳佳 刘远超 陈晓璇
胡志超 丁永鑫 周瑞东 黄倩蓉 吕东轩 刘明顺 周泉宇 张卓 刘博睿 康嘉伟 孟威伍
刘志 栾永康 崔博函 熊思明 宫铭雪 王胜岩 王高翔 李天舒 冯长元 常诚 李福庚
金妮妮 白三思 刘婷 邓文烁 于在辉 刘俊虎 徐胤泽 齐鸿达 刘承帅

非全日制：

张贺达 郑佳奥 金晨曦 鲁茂恒 金剑锋 杨浩然 丁鹏 丁一凡

2023级动力工程及工程热物理学科硕士生

全日制：

梁召晴 张步健 赵子钰 张彩红 王晓毅 孙健 杨依梦 王思璞 闫晗 李洪锐 聂金龙
闫长志 张宇涵 舒赞樵 钱滢宇 朱凯歌 许浩楠 黄灯峰 欧阳子怡 陈柳均 肖威 李国丞
陈云 陈庆 张国力 朱贺 宋安齐 陈书焕 韩笑 袁健平 方俊 吴佳慧 乔鹏宇
陈一 王琦 张丁海 胡善杜 郭文月 葛侗 王明磊 纪乐鑫 詹志鹏 孙朝阳 行朝晖
王一名 彭宽雲 张子扬 张鹏 高春霄 张欣懿 张彦龙 张子路 王禹璋 李子屋 杜浩然
孙铭伟 刘佳仪 高雅静 刘新辉 刘洋 高磊 唐伦 陈泽升 周祥举 张安琪 孟维佳
邓邵文 胡文杰 芮一荃 罗炜睿 潘曜 赵梦娣 马浩元 张永圣 金传昊 张大志 李婧
刘泽政 石钟恒 李硕 詹起 王一峰 马鹏启 陈鑫源 陈林晶 曹鑫怡 高孟浩 田磊
刘奇 郑宇硕 孔祥凯 韩承霖 李世展 马志浩 何燕灵 杜天宇 袁绰 曹展 陈谦涵
龚涛 张文静 白冬寒 贾天赐 朱栩泽 周沁心 杨琪 田兆昭 谭棵 王一豪 李登朝
祝学炜 袁树恒 宋娟 王启龙 董燕鹏 王子轩 余诗镪 蔡坤宇 高圆 李尚书 于宗洋
赵旭 谢晨皓 李栋 贾子博 潘晓强 刘江华 许晓敏 李前 李会超 任彦霖 王嘉钰
丁与函 张灵慧 任汉曦 张睿 李慧佳 李春峰 宛坤一 丁宝轩 李希 梁馨月 傅晗
尚嘉文 赵宁 韩东晓 赵玉鹏 陈一诺 孙闻希 杭天胜

非全日制：

赵咏恩 张连会 艾茜 熊月琪 马楚昱 刘志强 申颖 贾岚博 张新庆

同等学力：

范道斌 刘伟 吕吉亮 徐钢 张帅 莱汉 赛佛 高拉姆

2024级动力工程及工程热物理学科硕士生

全日制：

刘芮 刘承兴 高金浩 王子楚 吕庆芳 宋世旺 刘书畅 郑雨生 王榕 白宗彦 亢佳培

冀坪烁　尚佳诚　史　壮　裴佳琪　王天琪　刘　彪　李　治　翟文琦　逄钰家　赵佳仪　张书萌
高子腾　李　鑫　肖文浩　李泽骏　鞠澄源　王　涛　马志刚　杨　捷　卢　慧　徐笳妮　丁海龙
李欣罡　赵志远　狄林文　曾　骋　俞　琳　曹博涵　刘永奇　许文娟　孙刘畅　朱志腾　陈　浪
王明煜　李　坤　张思源　凌璟岚　陈侯暄　贾玥晗　焦宇浩　张　超　齐欣瑶　王腾飞　侯晓山
夏士坤　赵福来　张海彬　武锦怡　张浩楠　黄鹏翔　王睿超　席浩然　胡宇新　阎春雨　梁明可
谭茜茜　黄筱琪　韦常亮　王　瑞　杨芷怡　王书曼　崔锦琼　王紫阳　董贵阳　宗树珍　崔新宇
贲超然　郭豪杰　翁方凯　吴　骅　胡少嘉　秦梓敬　邓中航　张彩云　董　心　庄宇宏　刘　涛
王俊皓　严子钦　汪　政　王林峰　李延兴　戴嘉晖　李占卓　王祯澜　郑林涛　王明坤　刘　程
刘葳桦　边子轩　吴嘉鹏　杜国治　孟德敖　张航宇　戚仁凯　杨红玉　张显越　李鑫月　董晓灿
杨瑞祥　李若涵　杨雪蕊　刘文旋　吕亚周　马晓宇　潘庆起　邱慧宇　马彦婷　衣昱丞　马心如
马建文　姚　璇　师　展　杨星元　芮宏宇　周稼豪　李嘉辉　刘　骋　吴溢凡　李菁华　孙永超
郭万金　兰子墨　李培哲　李浩骏　宋雨辰　曾铭炜　李昀昊　曹国伟　员昭艺　龙　强　尹星智
吴美莲　王　昊　木汗买提·衣布拉音　王柳迪　陈鸿彪

非全日制：

陈长庆　陈志韬　李浩浩　卢文治　王国星　张耀辉　赵作龙

同等学力：

何　德　夏奎亮　宋昆仑　胡利航　杨　洋　张　磊　章福生　丑洋洋　王佳伟　张　勇　湛轲喆
方　园　蓝　涛　杜旭东　宋建林　陈建春　杨毓康　邓水根　杨永杰　李德胜　闫　静　张宇航
杨　开　宋　爽

留学生：

林恒信　哈　森　张　晴

博士研究生

1982年　张淑蕊

1983年　盛宏至

1984年　孙志远　郭晓明

1985年　孙其超　薛　彬　陆威宁　姚春德　欧阳翔　马一太　严晋跃

1986年　周景生　张江波　刘昌文

1987年　岳　勇　顾晓军　李恩邦　孟　青　戴文刚　王怀信

1988年　李　康

1989年　王　辉　李厚良　黄河振　李理光　田晓亮

1990年　薛　远　张江波

1991年　陈凌珊　舒国才　息树和　陈　凯　魏建勤　李　康

1992年　汪　洋　李建权　李玉峰　史春涛　杨　昭　吴之春

1993年　左承基　彭志军　何勇灵　冯明志　巨永平

1994年　王志明　吴　坚　程　勇　裴普成　高文志　范勇健　杜庆建　蒯大秋　齐承英　陈　东

1995年　谢　辉　陈　强　杜　青　孙　芳　曲延涛　曹惠玲　杨俊红　刘文倩　高志明

1996年　肖浩栋　刘敬印　尧命发　林玉静　高海洋　张嘉辉　郇中杰　王侃宏

1997年　刘双喜　邱先文　谭丛民　李志军　龚晓辉　蓝　军　赵　军

1998年　刘联胜　路　明　许俊峰　赵　骞　毕凤荣　杜慧勇　何邦全　胡玉平　林志强　刘　凯　田贯三
朱　能　杜晓刚　由世俊

1999年　付鲁华　王　健　赵昌普　魏　冬　刘万福　王景刚　李敏霞

2000年　李远洪　王天友　于善颖　刘月辉　居荫诚　吕　刚　林铁坚　裴毅强　孙晓燕　王　韬　查世彤
郭　斌　刘　斌　张世钢

2001年　段秀兵　冯洪庆　韩　军　刘增勇　张俊红　李建文　赵新顺　王　辉　宋宝安　岳东鹏　杨礼河
卢　苇　王志国　郁文红

2002年　许洪军　蔡晓林　张　平　刘　雄　张德福　王银山　卫海桥　段全虎　胡春明　林漫群　杨志毅
姚广涛　郑清平　祖炳锋　李新国　张甫仁　管海清　杨俊兰　刘俊杰　李新禹　杜兰萍

2003年　龚英利　黄豪中　梁兴雨　秦　静　任立红　邵玉平　王刚志　王养军　张延峰　董素荣　段志坚
顾维东　胡顺堂　黄齐飞　李　琦　刘　捷　刘艳红　宋如钢　孙　田　张怀东　张晓宇　彭继军
曾宪阳　徐晓丽　赵海波　刘圣春　马利敏

2004年　戴海涛　李　瀛　李云强　于吉超　余本雄　张铁臣　郑尊清　周红秀　周能辉　陈　征　韩　睿
侯圣智　刘　斌　倪培永　陶泽民　汪　翔　张　波　宁静红　马洪亭　牛宝联　孙方田　安青松

2005年　高继东　黄　钰　林　跃　刘小平　彭红梅　司鹏鹍　王洪夫　韦静思　徐玉梁　郑朝蕾　陈达亮
郭红松　李　克　李　民　姚　毅　于镒隆　张　岩　王华军　曲　航

2006年　程传辉　焦运景　李方成　马维忍　杨广峰　于　洋　张　炜　张　晓　庄继晖　郭树满　李　明
李小倩　李兆文　刘海峰　徐元利　杨建军　张　军　朱道伟　李　伟　崔俊奎　魏　晋　秦　娜
姜云涛　王洪利　陈　雁

2007年　陈　韬　冯黎明　李之华　刘士钰　牟江峰　倪广健　王　姗　宾　峰　陈礼勇　陈绪平　高昌卿
韩志强　胡　华　李　帅　刘　成　刘立东　鹿盈盈　宋东先　于文斌　战　强　张宏超　张华伟
张全长　张　韦　张　瀛　朱　涛　项敬言　杨　宾　颜爱斌　朱恩龙　曹滨斌

2008年　白洪林　班智博　陈朝辉　代　乾　高德春　高俊华　黄第云　李　楠　刘文艺　雒　婧　毛立伟
潘锁柱　王　浒　王砚滨　夏　琦　严　英　张志辉　刘春涛　田　华　王明涛　郭　涛　袁秋霞
邱学农　刘焕卫　尹海蛟　马玖辰　董　彬

2009年　王　林　赵霏阳　朱仲文　邵　敏　陈　博　陈贵升　刁　海　董立辉　杜宪峰　韩伟强　郝　斌
贾丽冬　焦鹏昊　李晓宁　李旭聪　林杰威　马帅营　孟祥德　秦彦周　邵　康　孙　剑　王怡峰

杨彬彬　岳凤来　张桂昌　张　鹏　张清茂　张　文　庄　远　邹雄辉　胡　静　李晓凤　刘和成
潘利生　张圣君　王文斌

2010年　徐帅卿　许汉君　李　军　崔润龙　周怡博　徐广兰　闫　峰　刘大明　柳茂斌　王云峰　黄登高
马志超　张志进　何振鹏　王　鑫　张翔宇　汪晓伟　高宏阁　王　霞　甄旭东　凌　健　杨晟华
李　乐　鲁　祯　陈　男　陈韶舒　徐　猛　刘　海　白富强　贾　滨　张　中　赵　丽　王秋香
张振迎　赵　岩　王　昆　张　网　庞华廷　曹晓峰　覃　文

2011年　吴　曦　陈爱强　孙　凯　张亚军　孟祥赞　何冠璋　宋　康　马红杰　徐　康　于书海　李德胜
马文朋　杨　硕　常　青　童来会　景亚兵　朱永生　李　浩　王新颜　王海洋　黄志勇　梁友才
李广华　魏立江　刘军恒　耿　鹏　肖　刚　谈秉乾　邬斌扬　周小波　王焕海　李　琪　孙志利
刘忠彦　白　杰　石传龙

2012年　代宝民　张建元　安彦召　边　强　陈策远　崔　磊　郭　鹏　何文运　贾国瑞　李　卫　刘二喜
刘　磊　刘　昱　马　梁　潘家营　潘明章　唐青龙　王月森　卫将军　闫博文　杨　灿　杨　威
银增辉　于国鹏　于晓洋　张　剑　赵凯宾　王　芳　张　娜　朱宗升　韩义勇　于晗正男

2013年　常亚飞　陈贝凌　陈志方　付　曦　付雪青　高东志　霍　森　寇海军　李　博　李　明　刘佳林
刘静忱　刘新垒　刘　瑜　毛　斌　任　源　田立新　佟　强　王　健　王全刚　熊　硕　尹翠翠
余海涛　余　浩　臧儒振　赵明如　周建伟　胡开永　黄小雪　康利改　李彦哲　刘志超　王誉霖
杨兴洋　赵丽娟　宿向超

2014年　毕晓博　范晨阳　冯登全　耿　超　郭瑾朋　韩国鹏　李　磊　李　翔　李晓雅　李智勇　刘彩亚
刘　鹏　鲁　鑫　吕贵军　马天宇　牛志强　潘　望　商艺宝　申博玺　孙秀秀　孙彦哲　王　轩
王　洋　文　明　吴　超　吴兆阳　徐喆轩　续　晗　薛　朋　赵万辉　左子农　李成宇　蔺新星
苏　文　赵睿恺　赵玉龙　赵松松

2015年　程浩杰　崔亚林　崔志伟　李恺翔　卢　培　骆　超　任黎亚　张　莹　朱轶林　蔡俊千　陈　林
戴胡伟　邓　豪　窦站成　耿培林　顾文钰　李伟东　蔺煜新　刘　野　刘　懿　马孝楠　沈世全
石凌峰　王亚军　危红媛　闫方超　闫　龙　杨　澍　杨子荣　张国宾　张　敏　张　攀　章　严
赵健福　张　强　郭　勇　阿玛纽

2016年　郭　强　李　浩　李擎擎　卢金画　马　凌　聂显铧　王国卓　陈天宇　丰　雷　耿鹤鸣　侯昱泽
胡江涛　黄广岱　孔祥金　李　勇　刘道建　刘一泽　马继昌　马　腾　乔约翰　田福全　王　斌
王博文　王伟光　毋　波　吴涛阳　谢　旭　曾　桢　张洪升　张晓军　赵旭敏　赵远远　钟生辉
周启迪　邹　栋　冯　彪　翟　瑞　萨姆勒　李恩哲

2017级　李颖玲　谢添玺　许伟聪　杨　迪　张　月　钟声远　包志铭　陈　超　高　健　郭栋兴　华剑雄
霍东兴　李敬瑞　李世龙　李　晓　李晓峰　林泽峰　刘丰年　索梦善　王晨辰　王　聪　王　俊
王晓慧　肖蓬勃　徐全志　薛建党　杨　晓　张大源　张许扬　张智轩　朱洪妍　朱志杰　吕子建
张　雷　程超超　李东海　汉　森　法力德

2018年　崔旭阳　李　飞　李双俊　王　派　许文杰　杨玉荣　姚淑婷　张家琪　陈鹏樊　林　浩　冯以卓
贺泳迪　黄蒂云　焦道宽　李力耕　李临蓬　李　鑫　梁金桥　龙飞企　卢莉莉　马宝东　彭小芸
强　威　孙　婷　孙晓东　陶星晓　吴康成　吴林武　承如谢　彪徐志　刚叶映　张洪飞　张　洁
张　伟　张　钊　张　仲　郑辰阳　钟　鑫　朱仕皓　于洋洋　苏　丽　胡赛因

2019年　李嘉舒　刘建宏　温江汇　谢　妍　赵东鹏　蔡金文　查　森　陈　涛　崔佳旺　崔雁清　付　振
宫竟芷　李　峰　李　刚　李金成　李　兴　刘子阳　刘宗宽　石　盖　孙海波　孙连城　汤代杰
汪　洋　王晨晰　王怀印　王竞宇　王晓文　王佑元　魏佳男　徐怀民　张珊珊　张轩昂　赵博文
朱小龙　朱志峰　祝伟康　张　勇　穆　萨　夏侯明昊　Nurgozel Begenjova

2020年　陈瑞华　樊昱晨　王悦阳　谢经轩　余　浩　张　巍　部竞琦　陈　勇　冯译方　冯展宇　胡田天
胡　祯　霍文明　蒋　燕　李启锋　李伟卓　李志强　刘庚非　刘怀宇　吕　旭　吕　誉　裴国斌
沈鹏飞　沈　位　孙　瑞　田　智　王　灿　王　瑞　王梓轩　文铭升　吴　滨　武　祥　徐海辰
杨　瑞　叶孟琪　张　韧　张曦媛　赵明昊　钟力嘉　陈裕博　白世杰　贺红霞　刘春涛　沈仁东
王　斌　王金山　尹珩宇　丁技峰　高立峰　李占旗　梁荣亮　罗天培　苗　青　潘朋国　金　军
王传琪　王德成　王冉超　王志新　姚荣华　尹晓青　余小红　张　超　周　毅　代立宏　塔　哈
邱　豪　Iqbal Najam　Mohamedahmed Ali Mohamedahmed Hamed，Ahmad Tauqeer，
Imran Muhammad

2021年　洪　鹏　蹇季廷　刘剑术　王启帆　韦　昌　姚　良　应锦辉　郑瑞凡　边幸燕　曾宪宇　邓璘珑
董翔宇　高玉川　葛鑫金　耿振龙　宫智超　勾　焮　韩　磊　韩　媛　贾飞飞　焦丽丽　李阿倩
李　冰　李林才　李龙清　刘乐海　裴亚彪　施泰峰　王彩梅　王家歧　王士铎　王雪燕　王　莹
吴洋亦　谢继标　徐同坚　徐志坤　尧志峰　殷吉文　于子宁　张守振　左启尧　候召宁　程　成
韩静洋　郝雪莹　王君雷　王奎霖　王苏明　袁聿震　赵　磊　赵　通　周伟东　代立宏　冯　浩
霍学敏　李永志　李钰怀　刘思学　刘兴义　柳东威　吕文芝　王　通　王欣伟　杨祖勇　于　洋
张东明　张建华　张秀成　张　宇　可　汗　科布迪　汗伊姆兰　Ahmed Bilal，Shah Zubair Ali
Sabri Tanveer Ahmed，Shaikh Ali Raza

2022级动力工程及工程热物理学科博士生

全日制：

蔡宇豪　顾　磊　黄耀炜　柳佳丽　梅书雪　牛锦涛　彭　杰　苏上淳　汤颖杰　尹明明　喻佳彤
詹增坤　班杨杨　蔡雨青　陈　斌　陈大昕　陈　明　代　鹏　丁元勋　冯旭鹏　高　朗　高清臣
管承硕　郭　帆　靳守营　李　广　李金光　李思潼　李庭辉　梁博强　林　旭　卢天龙　马擎洋
罗俊潇　明镇洋　秦政国　孙久岭　孙瑞彬　王洁明　王　磊　王膺博　王语荣　王　园　王源铭
魏张宁　魏子龙　徐运飞　杨小涛　药卓效　张　帆　张润川　张晓腾　赵宇繁　张淑萍　赵延峰
董丽玮　侯佩琳　贾雄杰　李博文　刘东喜　马自强　彭梦博　王　言　邢金亮　周永清

非全日制工程博士：

曹　杰　陈　闯　陈晋兵　陈正国　何绍清　刘　楷　刘　欣　吕　平　秦　涛　王明达　王意宝
吴广权　赵燕春

2023级动力工程及工程热物理学科博士生

全日制：

邓世涛　高　欢　胡顺涛　黄锟腾　李尚武　钱志广　申忠祥　苏丹丹　孙博阳　孙禹坤　唐英伦
王　皓　王　婧　闫靖文　闫　肃　杨海超　张　策　张智虎　赵文德　朱俊达　陈　煜　陈展帆
褚国良　邓龙飞　高　伟　黄志雄　贾超杰　金亦凡　李家华　李金秋　李竹晴　李子铭　凌　智
刘国辰　刘浩田　刘　恒　刘庆阳　刘　韬　卢瑞豪　卢志远　吕腾龙　马玉亭　宋腾达　宋业城
王定文　王家勇　王荣轩　吴国鹏　谢　凯　徐一博　杨绵松　于　博　余诗武　袁　苹　岳润飞
张孟南　张文喆　张　越　张志松　张　智　赵德阳　字振源　邹江河　李士腾　鲁　政　唐逸凡
翟新锋　周　骞

非全日制：

常　虹　董江峰　董阳阳　龚永星　林承伯　刘　玮　史家涛　孙凡嘉　陶　哲　田永海　伍启华
徐　月　徐云飞　张　磊　张文振　张子磊

留学生：

诺雷尔丁　赵瑞福　托　贝

2024级动力工程及工程热物理学科博士生

全日制：

陈朝国　陈昊鹏　程浩天　范玉聪　高瑞兆　郭立祺　胡启航　兰文超　李淳风　孙晓云　王开亭
王恺忻　王芊芊　袁紫嫣　赵福艳　赵文涛　朱万锋　包宇专　常伟德　陈搏实　陈厚昌　陈雨凤
高　升　谷赛金　关　山　韩嘉昊　胡俊楠　黄兴康　黄逸超　姜芋鹏　李丰辉　李佳男　李金宇
李奕闻　李玉柔　廉子凡　刘名扬　刘　明　刘鹏程　刘新香　刘亚楠　陆　耀　秦志坤　冉澳新
申亚芳　沈世成　史少远　宋　扬　谈柱恩　王锦洋　王思凯　王万腾　王宇松　吴代庚　肖　啸
肖　扬　许自涛　严正清　颜　佳　杨　开　姚　杰　殷艺玮　于永麟　喻　娟　张付官　张广全
张世锟　张　璇　张　祎　张宇航　张志勇　张钟垚　钟翎丰　朱明浩　朱一波　陈　博　韩宇浩
姜鹏飞　孟　雨　杨明远　于斯淼　张述智　朱　蓉

非全日制：

丁　立　董伟松　黄云亮　兰　昊　李　驰　李新颖　李岩松　李元石　李　征　连学通　刘晓坤
刘义达　刘　莹　卢　晓　吕星飞　石清珏　谭　祖　徐仲亮　许有伟　张　鲁　张　钊　周圣凯

留学生：

穆赫辛拉扎　狄　克　琳　达　弗兰克

博士后（以下时间为进站时间）

1989年　程晓航　杨延相

1990年　李刚　郗大光　刘德新

1991年　武得钰

1992年　方葛文　刘仪　肖福明　邹定海

1993年　薛远　刘瑞林

1994年　郭伟　宋崇林　郑义　栗卓新

1995年　汪健生　刘宏伟　刘家臣　赵慧

1996年　袁湘江　宁智

1997年　李锋　方祖华　金萍　裴普成

1998年　谢辉　刘正先　王元　张增建

1999年　王宪成

2000年　林玉静　王贺武　崔正来

2001年　杨德安　李建兴　陈吉祥　宋金瓯　尧命发　雷华阳

2002年　高文志　郭世永

2003年　张鹏　孟宪举　吴东垠　李喜宏　王晓明　郭英奎　王天友　赵昌普　居荫诚

2004年　管山　孙建民　吕刚　卫海桥　李洪亮　裴毅强　林铁坚

2005年　王莉　田延岭　刘万福　王天友　谢辉

2006年　张德福　程文明　裴毅强　赵昌普　刘圣春　梁兴雨　秦静

2007年　胡春明　毛照昉　洪辉　李海英　何柏岩　钟祥麟　刘雄　龚彩荣　王莉　周能辉　陈征　黄豪中

2008年　曾文　尤可为　李斌　刘圣春　李玉军　王仁广　陈达亮

2009年　肖红林　李兆文　杨志毅　庄继晖　徐元利

2010年　陈鸿　杨建军　施鹏　侯圣智　吕刚　秦静　褚洪杰　石岩　张韦　李民　张全长

2011年　朱天军　张宏超　陈强　李建民　张钺伟　朱曰莹　陈韬　宾峰

2012年　梁坤峰　孙耀国　何为　潘筱　许立新　吴静波　李之华

2013年　焦运景　苏丽俐　刘宇　朱仲文　王丹　林杰威　张延峰

2014年　刘海　周怡博　杜宪峰　李立琳　张帆　高博麟　孙强　邓帅　雷正玲　崔良玉　姚宝峰　李之华　何林　钟祥麟　董立辉　梁友才　潘明章　鲁祯　何为

2015年　孙凯　潘家营　姚安仁　潘江如　赵刘　王子玉　Naser　陈韬

2016年　鲁逸人　李广华　黄登高　郭蓬　刘鑫　侯锁军　马梁

2017年　鲁祯　冯谦　赵彦杰　崔磊　邬斌扬　朱凌　王月森

2018年　于洋　银增辉　王明涛　刘二喜　施东晓　潘家营　杨娜　李彦哲　高琳琳　华一丁　郝晶晶

2019年 叶遥立 王 浒 石守稳 齐 创 姚万祥 汪琳琳 王 轩 林杰威

2020年 施 磊 林 强 陈 慧 佟 薇 赵 源 刘 智 付海玲 胡高峰

2021年 张国宾 李 扬 许伟聪 聂显铧 玄铁民 李兵兵 刘 争 王博文 王 鹏 王懋谖 孙光明 樊林浩 朱永生 张 娜 邢智超 王伟光 戴胡伟

2022年 王智慧 李得第 樊林浩 王连芹

2023年 包志铭 吴思远 田镇宇 李世龙 李力耕 曾 桢

2024年 陈瑞华 Taha Hussein 谢 妍 贺泳迪 付 振

专业和学科创始人及曾经工作过的部分教师

史绍熙（1916—2000），江苏宜兴人。中国著名工程热物理学家、燃烧学家、中国科学院院士、教育家；我国内燃机专业的开创者和奠基人。1939 年毕业于北洋大学机械工程系；1949 年从英国曼彻斯特大学研究生院毕业，成为我国第一位内燃机领域的博士学位获得者；1951 年6 月，他舍弃国外的优厚待遇回到祖国。次年在天津大学创建了我国高等院校最早设立的 3 个内燃机专业之一，并领导编写了我国第一套内燃机专业教材。

1952年，他领导建立了天津大学内燃机专业，成为我国这一专业学科的首创者之一。他任内燃机教研室主任并讲授热工学、气体动力学、燃烧学、内燃机设计、高速柴油机原理与设计、自由活塞发动机等课程。同时，他又组织翻译了我国高等学校通用的第一套苏联内燃机教材及其教学计划和教学大纲，建立了内燃机实验室，并注意培养青年教师，为我国内燃机高等教育奠定了基础。

1956年，他被选为我国首批研究生导师，开始招收研究生。这也是由我国专家自行培养内燃机高级人才之始。

他一贯主张教学与科研相结合，把不断提高教师自身素质与学术水平和更好地为国家建设培育人才紧密联系在一起，使高等学校成为教学与科研中心，达到既出人才又出成果的双重目的。为此，在1958年任主管内燃机与热能的第二机械系主任后，又在天津市的支持下创建了天津内燃机研究室；1960年研究室扩建为教育部与天津市共同领导的天津内燃机研究所并由他任所长，他承担了不少国家重要科研项目和新产品开发任务。他全面组织领导了105系列与85系列柴油机和多种小型汽油机的设计、研究与发展工作，并在小型高速柴油机研制上取得了新突破，研究成功我国第一台标定转速达3 000转／分（实验室内高达4 000转／分）的新机型，可满足军用发电、快艇辅机和汽车动力的需要，为我国内燃机产品发展做出了重要贡献。

1960年，他主持设计并研制成功了第一台自由活塞发动机－压气机联合装置，编写了《自由活塞式发动机》一书，填补了我国在此领域的空白。

1979年，他担任天津大学副校长兼热物理工程系主任，并创立了工程热物理专业，接着又筹建了热能研究所，兼任所长，广泛地进行了能源利用与开发研究。

1981年，他被评选为我国首批博士研究生导师；1984年，又被聘任为美国世界开放大学研究生指导教授。1989年，他主持建成了我国截至目前唯一的学科类国家重点实验室——内燃机燃烧学国家重点实验室，并任主任和学术委员会主任，同时建立了博士后科研流动站。他全面负责领导这两个重要部门的工作。

1981—1986年，他出任天津大学校长。在他的任期内，天津大学得到了长足的发展，先后成立了研究生院、管理学院、石油化工学院、材料科学与工程系、物理系、化学系、力学系、人文与社会科学系、外语系等，由多科性工科大学扩大为以工科为主，理、工、文、管各科相结合的综合性大学。

他非常重视国际学术交流，并在国内外学术界担任许多重要职务。在他任校长以后，与国外高校进行了更加广泛的联系与合作，先后同美、英、加拿大、法、德、日、波兰、挪威、新西兰等国的22所大学建立了校际合作关系。他不仅常应邀到国外讲学和参加国际学术活动，而且于1984年、1985年在国内组织了两次国际会议。1989年，他组织召开了世界性的第十八届国际内燃机会议（CIMAC）并担任大会主席。他作为中国内燃机学会理事长，与德国内燃机协会签订了两国合作协议，他还以中国大学内燃机学科组主席的名义与英国大学内燃机学科组签订了学术交流协议，为我国内燃机学术界走向世界，进入先进行列做出了重要贡献。

在忙于教学与科研工作的同时，他还致力于专著、论著和大型工具书的编纂工作。1983年，他创办了《内燃机学报》，该刊所登的论文为国外多家信息系统所收录，在国内外产生了重大影响。此外，他还创办了《燃烧科学与技术》杂志，并兼任《工程热物理学报》的副主编和《中国科学》与《科学通报》的编委。

1984年，中国农业机械出版社出版了他主编的380多万字的《柴油机设计手册》。这是我国第一部全面总结柴油机设计经验，兼收国外最新技术成果的大型工具书，具有较高的实用价值和学术价值。1988年开始，他又主编了300多万字的《内燃机设计手册》，机械工业出版社将其作为重点科技图书，于1992年正式出版。此外，他还担任《中国大百科全书》机械卷动力机械部分的主编。

他参加了我国各个时期的科技发展规划工作，其中包括国家科委制定的《1960年国家科学技术长远发展计划》《1978—1985年全国科学技术发展规划纲要》《1986—2000年基础研究长远发展规划》等，为我国的科学技术发展做出了重要贡献。

范正钊（1921—2012），四川人，教授。1938年考入国立中央大学机械系，1943年赴美国麻省理工学院及哥伦比亚大学攻读研究生，1947年回国在南开大学任教，1952年转入天津大学任教。范正钊教授是天津大学机械系热工教研室创始人、第一任热工教研室主任。他主编的内燃机专业教材《工程热力学》，是全国高校最早的统编教材之一，对学生的培养和专业的发展产生了深远的影响。在校期间，他曾讲授工程热力学、传热学、热力发电厂、汽轮机、燃气轮机、内燃机原理等多门课程。

刘友钧（1917—2000），教授。天津大学内燃机专业创始成员之一，1938年毕业于南开大学机械工程系，1952年调入天津大学机械系从事内燃机专业教学和科研工作，担任内燃机教研室主任和汽油机射流燃烧技术研究开发中心主任等，主讲内燃机原理、内燃机制造工艺学等多门主干课程。他组织和参与编著、翻译了多部内燃机专业教材，曾荣获天津市特等劳动模范、全国先进科技工作者和“五一劳动奖章”，并享受国务院政府特殊津贴。刘友钧教授长期致力于汽油机燃烧过程的研究。1985年，他领导的课题组所承担的国家科技“六五”攻关课题“汽油机稀薄混合气燃烧系统的研究”——492QS 汽油机射流室燃烧系统通过了教育部的科技成果鉴定，并于当年10月获全国首届发明展览会奖，1986年12月获布鲁塞尔尤里卡世界发明博览会银质奖，先后获中国及英、美、德、意等多国发明专利，1997年12月该项成果获国家发明三等奖。

吕灿仁（1924—2017），浙江人，教授。1947年毕业于北洋大学（天津大学前身）机械系，历任天津大学校务委员、校学术委员、热物理工程系副主任、热能研究所副所长。1991年享受国务院政府特殊津贴。他从事工程热物理的教学与能量转换和节能技术的研究工作50余年，是中国热泵节能技术和低温地热发电技术的先行者和开拓者。20世纪50年代他开始热泵研究，70年代从事科研项目“中间介质法地热发电装置及系统的试验研究”，使60 ℃地热水发电成功，1978年获全国科学大会奖，是天津大学工程热物理专业硕士（1981）和博士（1984）授权点的创建人；主持并负责完成国家自然科学基金和国家部委级项目课题14项，著有《蒸汽发动机》《地下热水发电》等，入选《中国科学技术文库》论文130余篇。

王绍祖，天津大学内燃机专业创始成员之一，最早与潘承孝老师一起主讲内燃机原理等课程。

冯中，天津大学内燃机专业创始成员之一，主讲汽车和拖拉机发动机的电气设备、内燃机构造与计算等课程。1954年调离教研室到天津内燃机厂任职。

万欣（1923—1985），副教授。天津大学内燃机专业创始成员之一，主持了内燃机实验室（现内燃机大楼）的设计、建造、安装、调试等工作。该楼于1958年建成并投入使用，建筑面积2 700 m^2，三层，一楼为动力实验室和加工车间，二楼为非动力系统实验室、仪表室和两间教室，三楼为教研室、资料室和零部件陈列室。主讲内燃机设计、内燃机构造与计算等课程，编著并翻译多种书籍，主编《内燃机设计》教材，该书为全国高等工业学校内燃机专业指导委员会推荐教材，1992年获机电部优秀教材二等奖。

1982年起，他协助史绍熙教授创办由中国内燃机学会主办、天津大学承办的《内燃机学报》，任编辑部主任，在创办阶段为《内燃机学报》的创刊、编辑和出版做出了重要贡献。

何志迈（1922—2011），上海人，教授。1948年毕业于北洋大学机械系，1953年起在天大热工教研室工作。他从事工程热力学的教学以及太阳能热利用和工质热物性的研究50余年，是中国太阳能热利用和工质物性测试技术的先行者。在校期间，他主要进行太阳能热利用研究，是我国最早开展太阳能研究的专业人员。在国内首次设计完成了一个12.6 m^2的太阳能热水装置，该设置至唐山大地震共使用了19年。20世纪80年代初，开始低沸点工质热物性的研究工作，并在国内创立了第一个工质热物性实验室。他先后承担了国家科委、中国科学院科学基金、高校科技基金和国家自然科学基金的多项有关制冷工质热物性的科研项目。

林大渊（1930—1989），教授。1953年毕业于天津大学机械系内燃机专业，留在内燃机教研室任教并任秘书。他主要讲授内燃机动力学等课程，1961年编著《内燃机动力学》教材（中国工业出版社出版）。1963年为支援天津内燃机研究所的建设他被调入内燃机研究所，担任柴油机研究室主任，从事柴油机的设计研发和技术推广工作。1982—1989年，他担任天津大学热物理工程系主任；同时致力于“汽油机射流室燃烧系统”技术成果的推广工作，并参与《内燃机设计》教材的编写，该书为全国高等工业学校内燃机专业指导委员会推荐教材，1992年获机电部优秀教材二等奖。他曾任第二届中国内燃机学会理事，第一届和第二届中国内燃机学会中小功率柴油机专业委员会副主任委员。

蔡义汉（1932—），浙江宁波人，教授。1953年毕业于天津大学机械系内燃机专业，同年被分配至天津大学热工教研室工作；主持筹建了天津地热研究与培训中心，曾任系教学秘书、热工实验室主任、教研室副主任、地热中心主任；历任国家长远科技发展规划（1986—2000年）地热组组长，中国能源研究会理事；从事地热开发利用、可再生能源等研究。1981年他主持召开了首届“中美地热技术座谈会”（中方总负责人），1994年出席南美首届新能源国际会议，并代表中国做报告；创办了《地热能》刊物，主持并完成国家和天津市科技攻关及863课题24项，出版《地热直接利用》等著作6本；获国家科技

进步奖一等奖1项，全国科学大会奖1项，天津大学科技进步奖一等奖1项；1992年享受国务院政府特殊津贴。他的事迹被收录于英国、美国出版的《世界名人录》。

涂颉（1929—2018），江西丰城人，教授。1953年毕业于天津大学机械系内燃机专业，同年被分配至天津大学热工教研室工作；曾任热工实验室主任、热物理工程系副主任、热能研究所副所长，历任中国农村能源协会理事、中国太阳能学会热利用专业委员会委员、天津市太阳能技术研究会副理事长等。在校期间，他主要讲授热工学、热力机械、锅炉原理和高等传热学等课程；从事物料干燥、多孔介质传输特性、太阳能热利用等的研究，主持和参加教育部和国家科技攻关课题多项；主编和参编的著作有《辐射传热》《热工实验基础》等；在学术刊物或者学术会议上发表论文30余篇。

吴治坚(1928—2021)，海南人，研究员。1953年毕业于天津大学并留校工作，1953—1973年在动力系热工教研室工作，1973年被调到刚成立的广东省地热研究室，即后来的中国科学院广州能源研究所，1983—1993年担任广州能源研究所所长。1973年以来，他参与了丰顺地热发电站1号机组的运行试验；负责完成丰顺200 kW双流循环地热电站，这是我国首次使用异丁烷发电成功，该项目1978年在全国科学大会获奖；之后又参与丰顺地热试验电站300 kW闪蒸系统汽轮发电机组的建设；被评为1990年度中国科学院优秀研究生导师，在1992年和1994年参加两届国家自然科学基金委员会评委工作，1992年起为“国务院政府特殊津贴”享有者，工作期间多次荣获教育及科技的重大奖项，并发表了多篇学术论文及专著。他的专著包括《新能源和可再生能源的利用》（任主编），《新能源和可再生能源》(地热能的利用部分)以及《中国电气工程大典》（第七篇地热发电部分）。

李汝俊（1936—），天津人，技工。1953年由劳动局调到天津大学热工实验室工作，协助吕灿仁老师搞热泵实验研究。 20世纪70年代初李四光来天津号召搞地下热水发电，在吕灿仁教授带领下，他开展地热发电实验研究，曾参与地热中心及热工实验室的多个试验台的开发工作。

章熙民（1929—2015），湖南长沙人，教授。1955年毕业于大连工学院化工机械专业，同年被分配至天津大学热工教研室工作；曾任热工实验室主任、工程热物理教研室主任。章老师长期主持传热学教学以及传热方向的研究工作，教学严谨，善于钻研，在国内传热学界是极有影响的人。他作为主编与清华大学、同济大学等合作出版的代表著作《传热学》一书，是国内高等学校广泛采用的传热学教材，至2014年已累计出版发行六版，并获得“十二五”普通高等教育本科国家级规划教材。

崔宝诚（1933—2021），高级工程师。1955年毕业于天津大学机械系内燃机专业，被分配至北京内燃机总厂设计科（曾任副科长）。为加强学校科技成果的推广应用，1985年他被调回天津大学热能工程系内燃机教研室，专职参与“汽油机射流室燃烧系统”新技术的推广应用。

张锡久（1928—2009），副教授。1955年毕业于天津大学机械系内燃机专业，留校在内燃机教研室任教，讲授煤气机课程并承担有关教学工作，曾任教研室党支部书记、热能工程系党总支书记。

武善谋（1932—2018），教授。1955年毕业于天津大学机械系内燃机专业。1955—1985年，在天津大学任教，并先后担任教研室主任、热物理工程系副主任、教务长等职务，在国内外刊物上发表了多篇论文，主要有《隔热涡流室柴油机燃烧过程的研究》（刊载《内燃机学报》）、《柴油机涡流室内涡流及紊流的研究》（刊载《内燃机学报》）、《隔热涡流室柴油机燃用纯甲醇的研究》（第十九届国际内燃机会议，英文）、《柴油机涡流室陶瓷材料的合成与试验》（第二届发动机用陶瓷材料国际学术会议，英文）等。1986年后，历任天津市高等教育局副局长、局长，天津市人民代表大会常务委员会教育科学文化卫生委员会主任等多项职务。

万世雄（1933—2015），副教授。1955年毕业于天津大学机械系内燃机专业，留校在内燃机教研室任职，主讲内燃机原理、内燃机动力装置等课程并承担有关教学工作；协助刘友均教授开展有关科研项目；曾担任教研室副主任（代主任），主持全面工作。万世雄教授为我国著名剧作家曹禺的侄子，曾无偿将13件曹禺先生的旧物捐赠给天津曹禺故居纪念馆。

周君正（1933—1962），1955年毕业于天津大学机械系内燃机专业，留校在内燃机教研室任教，任教研室秘书，主讲燃料与润滑油课程等，并承担有关教学工作。

李厚生（1931—2019），教授。1953年毕业于天津大学机械系内燃机专业，被分配在内燃机教研室任教；1956年在上海交通大学举办的内燃机专业研究生班学习（教师进修班）毕业。主讲内燃机制造工艺学、特种发动机、压气机与鼓风机等多门课程；参与编著、翻译教材，1981年出版机电类规划教材《内燃机制造工艺学》（任主编）。他主持的“燃氢发动机及其应用研究”获得天津市科委立项，在发动机试验台架上做了燃氢性能及EGR试验，并在公交车上成功路试。

饶寿人（1931—2023），教授级高工。1953年毕业于浙江大学机械系，被分配在内燃机教研室任教；1956年在上海交通大学举办的内燃机专业研究生班学习（教师进修班）毕业。主讲船舶动力装置与附属设备、内燃机动力装置、煤气机等课程。1963年为支援天津内燃机研究所的建设，他被调入内燃机研究所，并任汽油机研究室主任；1985—1988年任天津内燃机研究所副所长，1988—1992年任天津内燃机研究所所长。他长期从事汽油机的设计研究开发和技术推广工作，主持完成了多项国家企业的开发研究项目，享受国务院政府特殊津贴。

魏励勇（1932—2018），研究员。1953年毕业于天津大学机械系内燃机专业，被分配到内燃机教研室工作；1956年在上海交通大学举办的内燃机专业研究生班学习（教师进修班）毕业。主讲内燃机电气设备、汽车拖拉机和内燃机原理等课程，主编《内燃机电气设备》等教材，负责内燃机教学用内燃机零部件陈列室和资料室的建设。1963年为支持天津内燃机研究所的建设，他被调入研究所工作并任汽油机研究室主任。在职期间及退休后，他撰写了大量科普类文章发表在《小型内燃机》《内燃机》《航空史研究》等刊物上，对普及内燃机及汽车知识做了富有成效的工作。

姚彪寰，1956年在上海交通大学举办的内燃机专业研究生班学习（教师进修班）毕业，被分配在内燃机教研室任教，主讲燃气轮机、内燃机增压、压气机与叶片机械等多门课程并承担有关教学工作，主编《燃气涡轮及压缩机》教材并翻译了《汽车电气设备改善的途径》一书。他长期为企业产品研发服务，开展科研工作，例如1965年，为支持济南柴油机厂开发生产石油工业急需动力12V190Z增压大功率柴油机，主动承接增压器压气机性能试验，克服条件不足的困难，自建压气机试验台开展试验工作。

李汉炎（1935—2009），福建龙岩人，教授。1956年毕业于南京工学院动力工程系，同年被分配至天津大学热工教研室工作。在校期间，他主讲热力发电厂、工程热力学等课程，从事太阳能、地热和电厂锅炉等方面的研究。

张启（1935—），江苏人，教授。1957年毕业于南京工学院动力工程系，同年被分配到天津大学热工教研室工作。张启教授是中国太阳能学会创始人之一，担任第一、二、三届理事，常务理事兼科学与教育委员会副主任、主任，也曾担任天津大学地热研究中心主任。他先后从事太阳能利用与地热开发领域的研究，曾经创办了天津大学太阳能研究室。1975年完成了“太阳能平板集热器最佳管间距的研究”，并荣获1978年全国科学大会奖。1987年，因工作需要，张启教授开始地热研究工作，在科技部和天津市科委的支持下，张启教授先后完成了“吸收式热泵研究”和“地热防腐板式换热器试验研究”等

课题。他在国内首次研究成功“地热井下换热供热系统”，填补了国内的空白。在国家“九五”科技项目中，他研制成功了“地热高温（100~120 ℃）潜水电泵”，突破了国内尚没有100 ℃以上高温大流量潜水电泵的局限。

范文伯（1933—2016），山东济南人，研究员。1957年毕业于南京工学院动力工程系，同年被分配到天津大学热工教研室工作。历任工程热物理教研室副主任，天津大学工会及教代会第一副主席，中国教育工会第三、第四届委员，天大校党委委员。在校期间他主讲热工学、工程热力学、蒸汽轮机、热力发电厂、发电厂热力设备等课程。1959年参与筹建动力系热能动力专业，并建成了热力发电厂及其主要设备的教学实验室。他先后从事低沸点工质双循环地热发电技术研究、国家“八五”攻关项目全流螺杆膨胀机项目的研究等。全流螺杆膨胀机的研究，填补了国内空白。他也曾参加江西温汤、河北怀来等的四处地下热水发电试验电站的试验技术指导和研究工作，国家经委援藏项目西藏地热全流发电技术的研究。利用上述成果，他与课题组同事合作发表研究论文10余篇。

苗瀛，高级工程师。1957年毕业于天津大学机械系内燃机专业，被分配到内燃机教研室任教，主要从事实验教学相关工作。1972年，被调入北京汽车研究所从事技术研发工作。

钱起云，副教授。1957年毕业于天津大学机械系内燃机专业，留内燃机教研室任教，主讲内燃机测试、微机原理等专业课程，曾任教研室、实验室主任，负责管理实验室。

余乃彪，1957年毕业于天津大学机械系内燃机专业，留内燃机教研室任教，主编《三角转子发动机》（卢法、余乃彪编著）。

方承超（1935—），湖南平江人，教授。1958年毕业于天津大学机械系，1961年清华大学力学研究生班毕业，1988—1989年在英国女王大学机械系任高级访问学者；1958年到天津大学参加工作，历任天津大学热工教研室主任、发电专业党总支书记、天津大学热物理工程系党总支书记；曾任天津市太阳能技术研究会理事长，天津市可再生能源理事会名誉董事长，天津市科协委员，主编《能源及其展望》。在校期间，她曾讲授热工学、工程热力学、传热学及高等传热学课程。20世纪70年代，她开始了对太阳能热水器及低温太阳能热发电的研究，并负责太阳能热水器、温控阀及新型太阳能热水器国家“七五”攻关及天津市“八五”攻关项目，其中太阳能热水器获农业部二等奖，“七五”攻关项目获农业部三等奖，“八五”攻关项目获天津市三等奖。她在《工程热物理学报》《太阳能学报》《天津大学学报》等刊物发表论文10余篇。

魏保太（1933—2007），辽宁人，教授。1958年毕业于哈尔滨工业大学机械系，同年到天津大学任教；曾担任中国工程热物理学会热力学及能源利用专业委员会、多相流专业委员会、中国机械工程学会新能源设备专业委员会、中国电机工程学会等组织的专业委员或理事。1981年初，作为访问学者到日本东京工业大学从事气液两相流动及传热的机理和实验研究。在承担多项教学及科研工作的同时，魏保太教授建立了颇具特色的气液两相流与传热实验室，承担了多项国家与省市重点科技攻关项目，是工程热物理方面有突出贡献的专家。他参与了我国温汤、怀来、西藏和熊岳等地热电站的试验研究。在校期间，他曾讲授能源工程、两相流动与传热、边界层理论等课程，编著有《能源工程》《气液两相流与传热》等专著。

龚允怡（1934—），1958年进入天津大学内燃机教研室工作，主讲工程流体力学、内燃机燃烧等专业骨干课程；1965年，翻译和出版了《振荡燃烧》一书；1984年，出版了机电类规划教材《内燃机燃烧学基础》；主要从事内燃机燃烧基础研究工作，承担过四项国家基金和其他省部级课题研究工作。

朱立勇（1935—2011），高级工程师。1958年毕业于天津大学机械系内燃机专业，留校在内燃机教研室、研究室任职，参加史绍熙领导的旋转发动机课题研究工作。1962年，他被调入天津内燃机研究所，参加内燃机零部件设计及有限元法计算应用研究等多项工作。

王仁仲（1934—），高级工程师。1958年毕业于天津大学机械系内燃机专业，留校在内燃机教研室、研究室任职，参加史绍熙领导的旋转发动机课题研究工作。1962年，他被调入天津内燃机研究所，参加海军快艇用485高速柴油机（转速3 600转／分）轻型车用高速柴油机(转速3 000转／分）的设计研制工作；以及85系列高速柴油机系列化、标准化、通用化“三化”工作。1983年，他被调回天大热物理工程系、热能研究所担任史绍熙校长的科研秘书，1986年担任重点实验室主任秘书。

文世骐（1935—2022），教授，研究生导师。1954年考入天津大学机械系内燃机专业。在学期间，曾担任天津大学学生会主席。1958年毕业，留校在天津大学内燃机教研室任教，从事党务工作（曾任党支部书记）、内燃机设计讲课及多项教学工作，参与多个国家基金和厂校合作科研项目。参与编写的教材《内燃机设计》获1992年机电部优秀教材二等奖。主持的科研项目获国家教委1991年科技进步二等奖。1991年底担任天津内燃机研究所党委书记直至1999年退休。1993年获聘为享受国务院政府特殊津贴专家。

张国勋（1934—2011），辽宁沈阳人，教授。1959年毕业于哈尔滨工业大学，同年被分配至天津大学热工教研室工作。在校期间主讲工程热力学、锅炉原理等课程。

田子义，1960年毕业于天津大学动力系内燃机专业，留内燃机教研室工作，1962年后被调到天津内燃机研究所工作。

毕翔云，1960年毕业于天津大学动力系内燃机专业，留内燃机教研室工作，1962年后被调到天津内燃机研究所工作。

杨传仁，1960年毕业于天津大学动力系内燃机专业，留内燃机教研室任教，担任内燃机设计课程等多项教学工作，1964年后被调到广西工作。

王福林（1936—1976），讲师。1960年毕业于天津大学动力系内燃机专业，留内燃机教研室任教，承担内燃机测试技术课程等多项教学工作，曾担任教研室、实验室副主任。1973年后被调往唐山铁路机车车辆厂从事机车用大功率柴油机的技术工作，1976年遇唐山大地震，不幸罹难。

王世卿（1935—2024），教授。1960年毕业于天津大学动力系内燃机专业，留在内燃机教研室任教。曾任教研室秘书、热能工程系副主任，分管全系教学工作。承担本专业的相关教学工作，讲授内燃机制造工艺学、内燃机原理等课程，参与教研室科研课题组的有关科研工作。曾担任机电部内燃机专业教学指导委员会委员及秘书。

胡亮光（1931—2011），福建上杭人，教授。1952年考入厦门大学，1954—1960年赴苏联莫斯科动力学院深造，是新中国培养的第一批高级热动专家。1960年，回国后到天津大学参加工作，自1966年起参加铁道部列车空调试验研究，主持试制成功两种新型高效汽轮机并获得省级技术进步奖。1982年专攻适应我国地热资源特点的气液全流动力机及发电前沿技术，并获得成功，填补了我国的空白，达到国际先进水平。承担了国家“八五”科技攻关项目“低温余热发电气水两相螺杆膨胀机研制”。在校期间，主讲多门热能工程类专业课程，编写《蒸汽原动机》等高等院校教材。20年来，在国内外重要刊物及学术会议上发表20余篇论文。自2002年起，与江西华电电力有限责任公司合作进行螺杆膨胀动力机产品开发，经过近10年的磨砺，成功将工业样机向产业化拓展，为江西华电的成长与发展做出了重要贡献。

王之安，副教授。1960年毕业于哈尔滨工业大学，同年被分配至天津大学热工教研室工作。在校期间主讲动力机械等课程。

王中铮（1938—2025），浙江省湖州市人，教授。享受国务院政府特殊津贴。1960年毕业于浙江大学热能动力装置专业，后被分配到天津大学任教。他是我国改革开放早期的访美学者，学习并参与美国佐治亚理工学院（1979年8月—1981年8月及1993年2月至8月）和美国得克萨斯大学奥斯汀分校（1993）的太阳能热利用及强化传热的研究。曾任国家教委工程热物理专业指导委员会委员、秘书，天津大学工程热物理教研室主任，天津大学教学督导委员会副主任委员，天津市换热技术分会理事长等职及美国国际期刊 *Heat Transfer Engineering* 的编委。长期从事热力发电厂、工程热力学、传热学、热交换器等方面的教学与科研，曾承担国家科委攻关、国防科工委、天津市科委等的科研项目及天津市教改项目等，在国内外发表论文约50篇。主编和参编著作有《热能与动力机械基础》《热交换器原理与设计》《传热学》等约10部。

齐锡龄（1938—），河北人，教授。1956年进入天津大学土木系供热供煤气及通风专业学习，1960年提前一年被分配至本校动力系热工教研室工作。在校期间曾主讲热工学、制冷技术、传热学、燃烧学、锅炉原理、供热工程等课程，为《供热通风热工理论基础》《传热学》（暖通专业用，第1版）教材的编写人之一。先后主持天津市自然科学基金项目“真空冷冻干燥过程研究”，国家自然科学基金项目“流化床冷冻干燥传热与传质过程研究”。在《天津大学学报》《工程热物理学报》《太阳能学报》等刊物发表论文10余篇。

王仕康（1938—），上海市人。1960年毕业于北京航空学院（现北京航空航天大学）飞机系空气动力学专业，同年被分配到天津大学。1978年改革开放后第一批公派留学生，1981年获丹麦技术大学博士学位后到内燃机专业任教，创建了“激光燃烧诊断”研究室。1986年由国家教委特批为教授及博导，先后培养10位博士、23位硕士；同年由国家人事部授予“有突出贡献中青年专家”。1990年获天津大学金钥匙。1991年7月起享受国务院政府特殊津贴。1985—1993年担任热能研究所副所长，分管科研及研究生工作，协助时任校长史绍熙教授申请、论证、筹建内燃机燃烧学国家重点实验室。1987—1996年先后受聘美国三所大学（休斯敦大学、孟菲斯州立大学、迈阿密大学）客座教授开展生物医学工程领域的合作研究及联合培养研究生（博士），其间被迈阿密大学授予“杰出国际学者”称号。2002—2004年受聘台湾卫生研究院，二度赴台担任生物医学工程研究室客座研究员。与美国加州大学冯元桢教授合作立项开展“DNA力学”研究。天津市第八届、第九届政协委员，2019年获中共中央、国务院、中央军委颁发的“庆祝中华人民共和国成立70周年纪念章”。

赵奎翰（1931—2017），河北省乐亭人，教授，博士生导师。1952年进入天津大学机械工程学院学习，1957年毕业于天津大学内燃机专业，1961年研究生毕业后留校任教，主讲内燃机燃烧学课程。1986年承担并完成了国家“七五”重点攻关项目——“6135 无冷机的研制”和“135 陶瓷绝热复合原理样机”。1983年获国家科技发明二等奖，1993年获国家教委科技进步二等奖。承担过国家“攀登计划”等重大基础科研项目。先后担任中国汽车工程学会理事，中国内燃机学会节能净化燃烧专业委员会委员兼秘书、主任，中国内燃机学会编辑委员会主任，国务院学位委员会第三届学科评议组成员，中国工程热物理学会燃烧学专业委员会委员，天津市内燃机学会副理事长等。

秦文鑫（1934—2021），教授。1961年毕业于天津大学动力系内燃机专业，留在内燃机教研室任教。讲授内燃机原理课程并承担有关教学工作，曾担任教研室秘书。1999年，编写《汽车排气净化与噪声控制》（秦文鑫、程熙、叶霭云编，人民交通出版社）。1973年被调至北京工业大学内燃机教研室任教。

程熙（1938—），1961年毕业于天津大学动力系内燃机专业，留校在内燃机教研室任教。曾担任内燃机教研室主任。在职时，深入参与本专业的教学工作和改革；讲授内燃机设计、内燃机排气净化和噪声、专业科技文献检索等多门课程并承担各项教学活动；参与编著译出版内燃机有关教材和手册等；坚持产学研相结合，参与和内燃机企业合作的专项科研项目。曾担任中国内燃机学会编辑委员会委员及秘书。

黄宜谅（1931—1996），广东省台山市人，教授。1950年到天津大学读书，1953年以优异成绩毕业于天津大学内燃机专业，毕业后被分配到长春第一汽车制造厂工作，因工作出色，获先进工作者称号。1956年，考取史绍熙教授的第一名副博士研究生，在史绍熙教授指导下，从事国外新兴的自由活塞式发动机研究，完成学位论文并研制成功我国第一台“自由活塞式发动机—压气机联合装置”。参与编著出版了《自由活塞式发动机》一书。1961年研究生毕业以后，留校工作。1972年调入山东工学院工作，历任讲师、副教授、教授及研究室主任等职。黄宜谅教授是山东省重点学科——内燃机学科的学术带头人，先后为本科生、研究生、博士生开出多门课程，指导过各种教学环节，教学成果卓著。1978年开始招收硕士研究生，先后培养出硕士研究生20人、博士研究生2人。曾主持或参加国家、省部及工厂委托科研项目24项。研究成果中有一项获国家发明奖，6项获国家教委、山东省科技进步奖及市、厅级奖。在国内外著名学术刊物上发表学术论文80余篇。享受国务院政府特殊津贴。他还担任中国内燃机学会编委会委员，内燃机燃烧学国家重点实验室学术委员会委员；山东内燃机学会副理事长；《内燃机学报》《燃烧科学与技术》编委会委员等职。

林瑞泰（1933—2010），山东青岛人，教授。1961年毕业于天津大学机械系内燃机专业，同年被分配至天津大学热工教研室工作。曾任传热传质研究室负责人、国家自然科学基金评审专家、国家级科技成果评审专家、高校科技同行评议专家。在校期间曾讲授工程热力学、传热学、热工学、热传导、沸腾换热、多孔介质传热传质、高等相变传热学等课程。曾负责或参与火箭发动机某军用装备、汽车发动机、混合工质流动沸腾、多孔管强化沸腾换热、测算固体导热性能的新方法、特殊热管、高温烟气余热回收、气液固三相流强化沸腾换热与防除垢技术等多项科研项目。主编著作有《多孔介质传热传质引论》等5部，发表论文65篇。

许忠泰(1933—)，1961年毕业于天津大学动力系内燃机专业，留校担任学生政治辅导员，1964年调回内燃机教研室任教，讲授内燃机动力学课程等并承担多项教学工作。1971年调回海南省临高县，曾担任副县长、县人大主任等职务。

李志雄（1938—），广东人，研究员。1961年毕业于天津大学动力系内燃机专业，留校从事教学和科研工作，讲授内燃机原理课程。研究方向主要为利用激光全息技术、光纤传像高速摄影技术进行内燃机燃烧过程的理论研究。曾负责国家自然科学基金项目“用光纤传像高速摄影技术研究内燃机燃烧过程”。他曾作为国家科委重点推广科研成果“汽油机射流燃烧技术”的主要参与者，并获得国家技术发明三等奖。

尚秀镜（1939—），教授。1961年毕业于天津大学内燃机专业。从事内燃机燃烧过程的研究，汽油机新型燃烧系统的探索与研究，“国家工程热物理重大基础研究项目”中汽油机节能和排放的研究，国家自然科学基金项目和多家工厂企业合作项目的研究。获得五项中国专利与美、英、法等六国的发明专利。研究成功的“汽油机射流燃烧室”获得我国科技发明三等奖。在校期间讲授汽车与拖拉机、内燃机动力装置、汽车等课程，并指导研究生的课题研究。参加大型工具书《热工手册》的编写等。

刘俊生，1963年毕业于天津大学动力系内燃机专业，留内燃机教研室任教，讲授内燃机制造工艺学等课程并承担有关教学工作，参加102系列柴油机燃烧性能改进的厂校合作科研项目，曾任教研室党支部书记。后因工作需要调到天津大学生产管理处任处长。

李文忠，1963年毕业于天津大学动力系内燃机专业，留内燃机教研室任教，后调到电工教研室任教。

邹咏丽（1934—），高级工程师。1956年任职于机械工业部无锡柴油机厂、天津农机局技术处；1963年调入天津内燃机研究所。负责进口样机管理及测绘，参加小型汽油机行业标准制定，负责机械工业部部属优质产品评定检测等多项工作。1983年调到天大热物理工程系和热能研究所，并任内燃机实验室副主任。为本科生教学实验、研究生课题试验、教师和科研人员研究试验提供试验技术服务和专项支持。1986年筹建内燃机燃烧学重点实验室，担任实验室办公室主任。

刘书亮（1936—），河南人，教授，博士生导师。1961年毕业于天津大学内燃机专业，1964年研究生毕业并留校工作。1964—1970年在天津内燃机研究所柴油机研究室工作，负责研制X105柴油机复合式燃烧系统的螺旋进气道，取得成功并投产。1970—1978年在内蒙古集宁市拖拉机技术科任科长，负责试制小四轮拖拉机，取得成功并投产。1978—1980年调回天津大学内燃机教研室工作。1980—1981年被公派赴英国伦敦大学国王学院机械系做访问学者一年。1981—2006年在天大内燃机国家重点实验室工作直到退休。长期从事内燃机燃烧过程和燃烧空气动力学的研究并为学生授课。测量了柴油机气缸和燃烧室中空气运动规律，建立了在考虑空气黏性存在的旋转流场中质点的运动轨迹方程，在实验中得到验证。他和他的团队用激光测速等技术测量了内燃机气缸和燃烧室中涡流、滚流、挤流运动和湍流的发展规律。首次在国际上提出“变压差”气道实验技术并在实验台上成功实现，提高效率5倍。开发的气道实验系统在国内数十家内燃机厂、科研院所得到广泛应用和好评，取得了良好的社会效益和经济效益。培养了博士、硕士各20余名。在国内外发表论文200余篇。曾获天津市科技成果一等奖一项（1978），省部级科技进步奖3项；天津市授衔内燃机专家称号（1992）；国家教委科技进步一等奖一项（2006），国家技术发明二等奖一项（2017）。2019年获得中共中央、国务院、中央军委颁发的“庆祝中华人民共和国成立70周年纪念章”。

许斯都(1936—)，广东人，教授，博士生导师。1960年天津大学内燃机专业本科毕业，1964年研究生毕业。1960年参加史绍熙先生和黄宜谅老师主持的2JD—115自由活塞压气机项目，并研制成功达到设计指标。1963年在史绍熙教授指导下研究成功“柴油机复合式燃烧系统”。1964年开始在南昌柴油机厂和玉林动力机厂从事推广工作。1966年参加由机械部主持的新105系列柴油机全国联合设计，并采用复合式燃烧系统。1966—1978年从事X105柴油机复合式燃烧系统在全国的推广，获大批量生产和明显经济效益。1983年该项工作获国家技术发明二等奖。1965—1978年在天津内燃机研究所柴油机室任性能组组长。1978年起在天大内燃机教研室工作。1982年任天大工程热物理研究所燃烧研究室副主任。1983年升任副研究员。1984年任硕士生导师。1985年赴西德亚琛工业大学做访问学者，1987年学成回国，负责重点实验室技术设计。在我国首创开展柴油机微粒排放

和壁流式过滤器再生技术的研究。承担国家自然科学基金和教育部博士点基金科研项目。开展柴油机燃油喷射、燃烧系统改进和降低排放等研究工作。为硕士生开设高等内燃机原理课程。1988—1993年任天大热能工程系系主任、热能研究所所长。1989年兼任重点实验室副主任及其学术委员会委员。1992年起，参加首席科学家史绍熙的国家自然科学基金重大项目和“八五”攀登计划的课题研究。1990年升任教授，1992年获国务院政府特殊津贴，1994年任博士生导师。曾任天津市内燃机学会常务理事、中国内燃机工业协会常务理事。1994年任重点实验室与玉柴联合技术开发部主任，为玉柴设计柴油机实验室，培养年轻技术骨干掌握引进的德国设备和柴油机技术，设计实验用的单缸机，完成多项柴油机试验研究课题。在中国科学院院士史绍熙手下工作40年，协助史先生指导多名硕士生和博士生。自己培养了16名硕士生和博士生，与合作者共发表60多篇学术论文。

傅茂林（1936—），浙江绍兴人，教授。1961年天津大学内燃机专业毕业，1964年研究生毕业后留校任教，为研究生讲授高等内燃机原理和燃烧学等课程。曾任天津大学内燃机燃烧学国家重点实验室副主任、学术委员会委员，中国内燃机学会理事、副秘书长和中国工程热物理学会理事、《工程热物理学报》编委，科技部国家燃气汽车协调领导小组办公室专家组成员。一直从事内燃机燃烧过程、燃烧系统、代用燃料燃烧的研究。负责完成天津市科委、国家自然科学基金委、博士点基金、国家重大基础研究以及有关部门和企业的多项科研项目，获全国科学大会奖、国家教委科技进步奖等。20世纪60年代初，在我国首次成功地应用高速摄影技术研究柴油机复合式燃烧过程。在内燃机代用燃料燃烧方面进行了大量的创新性研究，承担“八五”国家攀登计划项目，首次在我国对火花点火式发动机爆震燃烧机理及其控制方法开展了深入系统的基础性研究，取得了国际先进水平成果。在CIMAC及ISAF等国际学术会议上发表 *Development of a New Diesel Combustion System* 等论文8篇，在国内核心期刊发表论文40余篇；参加编著大型工具书《热工手册》等。

王莉（1940—），1964年进入内燃机教研室工作，主讲内燃机构造课程。

解世文（1938—2014），教授、博士生导师。1965年大连理工大学内燃机燃烧学研究生毕业后，被统一分配至天津大学内燃机专业，作为史绍熙院士的科研助手，开展内燃机燃烧及油料方面的研究开发工作。曾担任天津大学内燃机燃烧学国家重点实验室发动机油料及润滑学科学术带头人；中国石化二冲程油评定中心主任；国家油品协委会内燃机油专业组副组长；机械工业内燃机油品检验评定中心总工程师；国际标准化组织 ISO TC 28-SC4工作组中国代表；美国试验与材料学会（ASTM）国际投票会员；美国化学学会（ACS）国际投票会员。作为油品领域“七五”“八五”“九五”国家重点科技攻关五年

计划项目及“十五”相关项目负责人，获国家级和部委级奖励30余项；编制已发布的国家及国家行业标准18项；在内燃机及油料方面填补国家19项新产品空白；发表学术论文百余篇。天津市第八届人民代表大会代表；1993年开始终身享受国务院政府特殊津贴；1997年获机械工业部先进个人称号。

周启德（1939—2024），1965年天津大学本科毕业留校在内燃机教研室任教，主讲内燃机课程设计、内燃机设计等专业课程。

刘桂莲（1938—），1965年天津大学内燃机专业毕业，留内燃机研究所工作，后调到内燃机教研室任教，主讲内燃机设计课。

刘维馨（1935—2018），1978年被史绍熙调回内燃机教研室工作，1980年被派往德国学习，回国后负责教研室科研工作。

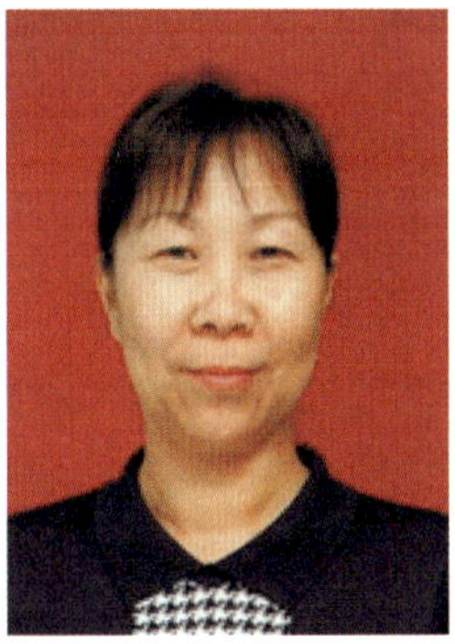

朱家玲（1954—），天津人，教授、博士研究生，享受国务院政府特殊津贴专家。1982年毕业于电视大学天津大学分校电子信息工程专业，1992年于新西兰奥克兰大学工学院地热工程技术专业硕士研究生班毕业，1995年获天津大学热能工程专业工学硕士学位。1972—2020年分别在天津大学机械加工厂、自动化学院、地热中心工作；曾任地热中心主任、天津大学机械工程学院中低温热能高效利用教育部重点实验室副主任。曾多次出国学习、进修、联合培养博士、交流及参加国际会议。主要从事地热资源储量评价及多孔介质传热传质特性研究，多能互补储热及中低温发电装备及关键技术研发。主持完成多项国家及省部级科技攻关、863及基金项目；获多项国家科技进步奖、天津市科技进步奖。发表百余篇高水平论文并出版多部论著。担任《太阳能学报》《地源热泵》《中国地热》编委，《地热能》的主编等。曾荣获全国“三八红旗手”、天津市劳模等多项荣誉称号。

刘文胜（1954—），天津人，高级实验师。1982年毕业于天津市新华职工大学工业电气自动化专业。1972—2015年在天津大学机械系内燃机实验室和天津大学内燃机燃烧学国家重点实验室工作。主要从事内燃机专业的教学科研实验、实验装置的设计和制作、实验仪器装备的维保和技术管理、实验室建设等。

赵谊（1954—），工程师。1972年1月天津大学机械制造技工班毕业后，进入内燃机实验室工作。1991年天津大学实验技术专业大专毕业。1998年任工程师至2010年3月退休。工作期间，协助教研室各研究课题组的实验测试工作及测试控制装置的研制、安装调试工作。协助研究生完成课题实验中的测试。内燃机原理、内燃机测试技术、微机原理等实验课的辅助指导。

韩英书（1954—），河北人，工程师。1972年毕业于天津大学动力系，毕业后被分配到天津大学动力系热工实验室工作。工作期间主要从事教学实验台建设及教学实验工作。曾长期参与太阳能热水器、太阳能发电研究项目实验台的建设实验工作。1991年后在热能系党总支任秘书。

王懿铭（1936—），1958年毕业于天津大学内燃机专业。1973年调入内燃机教研室任教，主讲内燃机增压、燃气涡轮机原理、涡轮机原理等专业课程。

王颂秦（1942—），北京人，研究员。1964年毕业于天津大学动力系内燃机专业，1964—1972年在北京工业大学内燃机教研室任教，1973年调入天津内燃机研究所柴油机室，先后承担车用发动机节油技术、摩托车催化转化器匹配试验等研究工作。1988—1989年赴美国加州大学伯克利分校做访问学者，发表论文《甲醇燃料火焰可见度研究》并获国家科技进步奖。1995年担任国际标准化组织ISO-WG10工作组组长。

刘靖（1948—），四川铜梁人，高级工程师。1976年毕业于西安交通大学制冷专业，同年被分配至天津大学热工实验室工作。主要从事本科生实验教学及科研工作，协助魏保太教授、张启教授带硕士生、博士生。承担1982级、1993级和1997级兼职班主任工作，承担1991级～2000级10届本科生的生产实习工作。2004年退休后承担成人教育本科班班主任工作，并担任机械工程学院关工委兼职组织委员。

李惟毅（1952-），天津市人，教授/博士生导师 。1976年毕业于天津大学机械系。同年留校任教。1976-2018 天津大学机械工程学院热能工程系，教授、博士生导师。2018年退休。历任天津大学热工教研室副主任，热工实验室主任，热能与制冷工程系主任（1997-2009）。任教期间主讲《发电厂热工基础》，《热工学》，《传热学》，《热力发电厂》，《热能与动力机械基础》，《多孔介质传热与传质》等门课程。曾任天津市电力学会理事，热电专业委员会副主任，天津钢铁协会专家委员会委员，天津市计量测试学会理事，中国节能环保集团特聘专家。曾主持国家863科技攻关、部委及横向课题几十项，获部委奖励3项，授权发明专利20余项，发表论文80余篇，SCI收录20余篇。主要研究领域为：传热与传质，能源与环境系统工程，可再生能源利用，工业节能技术，分布式能源系统，有机朗肯循环低温余热发电等。

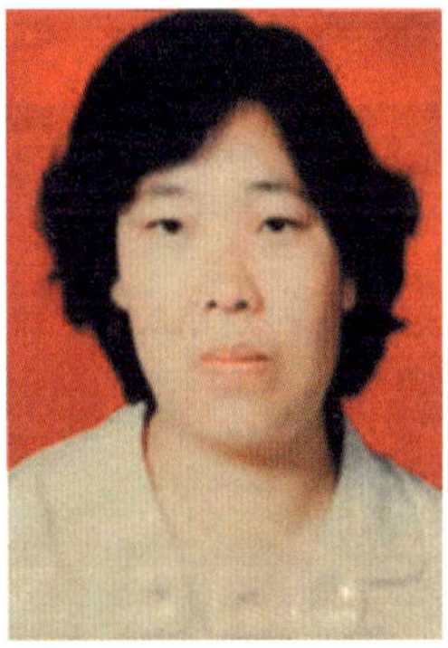

李春英（1957—），天津人，实验师。1986年天津大学计算机专业中专班学习，1989年毕业。1976年高中毕业后被分配到天津大学热能系热工实验室工作，参加课题组的科研实验工作，负责系计算机机房的管理和本科生的计算机实习工作。2008—2013年在学院科研办公室承担科研秘书工作。2013年3月退休。

郑宗和（1952—），天津人，高级工程师。1977年毕业于天津大学自动化发电专业，到天津大学热能工程系工作。曾任热工实验室主任，主讲热物理测量，从事制冷与热泵技术、太阳能热利用、干燥传热机理的研究。

袁汉三（1941—），广东人，副教授，高级工程师。1964年毕业于天津大学电机与动力工程系内燃机专业，1967年研究生毕业。1968—1978年在贵州柴油机厂从事柴油机产品设计及生产技术工作，新产品研制等。其中主要负责的8V135柴油机新产品的设计、试制和试验研究任务(军工项目)通过了部级鉴定。1978年调入天津大学工作，任内燃机教研室副主任、副教授。作为史绍熙先生的科研助手，主要进行“高增压柴油机燃烧系统的研究”。承担教研室相关科研、教学及管理工作，主讲内燃机增压和内燃机排气净化等课程。1993年调入汕头电力开发公司工作，任工程技术部副经理，主要参加为汕头特区筹办柴油机发电厂的工作，与香港合资兴办汕头长浦、长潮、长海电力发展有限公司，任公司总工程师、副运行经理、高级工程师。主管合营公司及下属三个大型柴油机发电厂的生产技术管理工作。

褚治德（1933—），辽宁人，教授。1957年毕业于大连工学院化工机械系化工机械专业。1957—1975年在127设计研究所试验研究室工作，从事火箭试验、火炮试验研究，包括火箭、火炮发射状态的膛内压力试验、应力与振动试验、冲击波与液压试验研究等。共获五项国家级奖励(集体奖)包括：1976年水弹模拟试验获第一届科技大会嘉奖，1980年火箭布雷炮获国防工业重大科技三等奖，1982年重大改进课题获兵器部优质奖，1985年××火箭炮获国家科技进步奖一等奖，1988年015产品获国家质量金奖，并于中华人民共和国成立50周年庆祝大会过天安门接受检阅。1979年到天津大学热能系工作，主讲热物理测量技术，主要从事干燥新理论、新技术的科研工作， 1991—1997年四次获国家科技进步奖。

毛润治，副教授。毕业于清华大学核能专业，曾在原子能所工作，1979年起到天津大学参加工作，从事太阳能干燥等热利用的研究。

刘嘉智，副教授。毕业于西北工业大学，1979年到天津大学参加工作。在校期间主讲工程热力学、燃烧学、传热学等课程。

赵镇南（1946—），浙江慈溪人，教授。1968年毕业于中国科学技术大学近代力学系航空发动机热物理专业。1979年起在太阳能研究所及热能工程系任教。1993年比利时王国根特大学传热及火灾安全实验室国家公派高级访问学者；1991—2005年，相继任国家教委工程热物理专业教学指导委员会秘书；热工课程教学指导委员会委员；教育部高等学校热工基础课程教学指导委员会委员。在天津大学热能工程系及内燃机系、机械系、材料系、土建系讲授本科生的传热学、动力机械、热交换器原理与设计及研究生的高等传热学等课程。2001年天津大学“传热学”优秀课程建设项目负责人； 1999—2001年教育部“面向21世纪高等教育教学内容和课程体系改革计划”子项目“传热学教学内容和课程体系改革”负责人。主编普通高等教育“十一五”国家级规划教材《传热学》（第1至第3版）和《热工基础》（第1至第2版），并参编《板式换热器工程设计手册》。

张惠明（1942—），天津人，研究员。1966年毕业于天津大学动力系内燃机专业。1968—1978年在天津动力机厂工作，任技术员。1978—1981年在天津大学内燃机专业攻读硕士研究生，1981年起在天津大学内燃机教研室、燃烧研究室、内燃机燃烧学国家重点实验室从事内燃机及测试技术的研究和实验室建设工作，讲授内燃机试验学。在国内较早开展柴油机喷雾和火焰同步双成像技术和双色法缸内微粒诊断技术的研究，为企业开发了高效、低排放柴油机；较早开展了预燃室式气体燃料发动机的研究和开发，进行了分隔室式压燃天然气发动机的研究；并在国内较早组织引进气体分析单元首次自行集成直采排气

分析仪。曾经承担攀登计划、863计划、国家自然科学基金、天津市科技发展计划等和企业技术合作项目。1980年代承担内燃机实验室改造和国家重点实验室（南丰路）的设计建设工作，退休后被返聘承担天津大学内燃机燃烧学国家重点实验室北洋园校区10 000 m^{2}内燃机动力实验室的建设工作。1992年被国家计委、教委、科委评为国家重点实验室建设先进工作者，获省部级科技奖3项。

段家修（1943—），河北人，研究员。1966年毕业于吉林工业大学内燃机专业。1968年进入贵州柴油机厂，从事柴油机设计工作。1977年调入河北沧州通用机械厂工作。1978—1981年在天津大学内燃机专业攻读硕士研究生，获硕士学位后留校工作。主要从事降低柴油机燃油消耗率和有害排放物的研究工作，还参加企业柴油机性能改进和新产品开发工作。

马一太（1945—），河北唐山人，教授。1968年天津大学动力工程系本科毕业，1979年师从我国热泵技术的先驱吕灿仁教授，1982年获天津大学工程热物理硕士学位并留校任教，1987年教育部公派赴德国埃森大学攻读中德联合培养博士，1989年获天津大学博士学位。1991年获国务院政府特殊津贴。主要从事应用热力学研究，逆循环（制冷和热泵）节能技术的研究，混合工质节能及自然工质研究，太阳能、地热能等可再生能源利用研究等工作。主持多项国家级和省部级有关自然工质CO_2跨临界循环热泵特性的研究项目。2001年获面向21世纪热工系列课程教学内容与课程体系改革的研究与实践国家级教学成果一等奖。2008年，CO_2跨临界循环系统用新型膨胀机的研发项目获得中国制冷学会科学发明二等奖。发表高水平论文200余篇，出版专著《制冷与热泵产品能效标准的研究和循环热力学完善度的分析》《自然工质二氧化碳制冷与热泵循环原理的研究与进展》和《制冷与热泵》。曾任热能研究所所长、热能系主任、研究生院常务副院长、图书馆馆长等职。社会兼职：中国制冷学会理事兼学术委员会副主任，资深会员，中国制冷空调工业协会技术顾问，中国热泵产业联盟专家顾问，天津市可再生能源学会名誉理事长，天津市制冷学会副理事长。

张于峰（1954—），天津人，教授。1983年毕业于天津大学工程热物理专业，获硕士学位，同年在天津大学热能系参加工作。1990—1992年公派赴美进修，2000年公派赴香港理工大学合作科研，2002—2003年国家留学基金资助赴丹麦留学。现任天津大学环境科学与工程研究院生态建筑技术研究所所长，天津大学环境科学与工程学院固体废弃物处理与资源化技术研究所所长。从事清洁能源利用技术、生态建筑技术、城镇生态建设技术、制冷空调技术的研究。参加国家科委、中国科学院基金项目、国家自然科学基金项目、国家“十一五”重点攻关项目、国家教委基金项目、天津市重大攻关项目、天津市重点攻关项目、天津市自然科学基金项目若干项。

陈丽娟 (1945—)，广东人，副研究员，高级工程师。1968年毕业于北京农业大学，被分配至贵州省龙里县农业局工作。1972—1978年在贵州柴油机厂子弟中学任高中数学和化学老师。1978年调入天津大学，在化工系分析化学教研室任教，承担有关分析化学的教学工作和指导化学分析实验，参加电化学分析的科研。1983—1993年在天津大学热能研究所和内燃机燃烧学国家重点实验室工作，负责内燃机排放实验室的建立，并从事内燃机燃烧过程与排放、排气有害物生成机理及其控制技术和测试技术的研究。协助指导研究生。1993年调到汕头电力开发公司工作。在工程技术部任高级工程师。在“汕头长浦、长潮、长海电力股份有限公司”成立后，任该公司高级化学师，负责公司及下属三个大型柴油机发电厂机组用油、用水、排气及环保的技术管理工作，同时兼任公司物资部副经理。

饶里（1962—），高级工程师，1983年任职于天津大学内燃机专业实验室，曾长期担任实验室办公室主任和内燃机燃烧学国家重点实验室办公室主任，多次主持实验室大型修缮工作，为实验室建设做出贡献。

史连佑（1933—2025），河北人，研究员，中国内燃机学会《内燃机学报》主编，编审。1957年毕业于清华大学动力机械系汽车专业发动机专业，该校首届五年制毕业生之一，被分配到一机部北京汽车拖拉机研究所工作。1959年，该所一分为二后，柴油机与拖拉机研究人员迁洛阳，建洛拖所。其间，作为课题负责人之一，研究开发了油膜混合过程的90系列柴油机，并批量投产；参加了大型工具书的编著，包括《柴油机设计手册》《中国大百科全书》（动力机械卷）的内燃机部分和《机械工程手册》（获全国优秀图书一等奖）。多次参加国家长远规划农机部分的起草工作。1983—1984年调任政协洛阳市委专职副秘书长、九三学社市委常务副主委。1984年底，受史绍熙老校长之邀调天津大学，主持中国内燃机协会主办、天津大学承办的《内燃机学报》工作。

吴晋湘（1957—），湖南长沙人，教授。1984年毕业于北京航空航天大学航空发动机系，获硕士学位。1984—1989年在天津大学热能工程系任教，1994年毕业于国防科技大学航天技术系，获博士学位。1994年起在今河北工业大学能源与环境工程学院任教，曾任河北工业大学研究生院院长。河北省有突出贡献的中青年专家，中国高等教育学会工程热物理专业委员会理事，河北省节能协会副理事长。从事燃烧科学和特殊条件下的燃烧机理与燃烧技术的研究，先后主持国家自然科学基金、河北省和天津市自然科学基金等科研项目多项，发表学术论文多篇。

何遂绵（1942—），河北巨鹿人，美术工程师。1965年毕业于天津美术学院并留校工作。1984年从天津美术学院调入天津大学工作，1996年退休。在职期间主要从事行政工作，参与学院宣传推广工作的美术设计及研究。

郝志勇，教授，博士生导师。1985年毕业于西安交通大学，获硕士学位，同年进入天津大学工作，先后担任内燃机教研室主任、机械工程学院副院长等职务，主讲内燃机振动噪声等课程。主要从事汽车与发动机CAE和NVH的研究，作为课题负责人先后承担国家863计划、科技支撑计划、国际科技合作计划、国防预研计划、国家自然科学基金及省部级科技计划项目20多项，企业工程项目60多项；作为负责人先后获得省部级科技进步奖和自然科学奖7项，发明成果奖4项，参加完成的项目获得省部级科技进步二、三等奖及国家科技进步奖特等奖各1项；曾获光华科技奖、容闳科技奖、宝钢优秀教师奖、天津市青年科技奖、通用汽车中国高校创新人才奖、全国优秀留学回国人员奖和国家教委优秀年轻教师基金等奖项，享受国务院政府特殊津贴，首批入选国家百千万人才工程第一、二层次。

严晋跃（1959—），浙江金华人，教授。1985年毕业于天津大学工程热物理专业，获硕士学位，1991年毕业于瑞典皇家工学院能源工程专业，获工学博士学位。1985—1989年在天津大学热能系任研究助理、讲师。现为瑞典皇家工学院、瑞典马拉达伦大学首席教授，国际能源领域学术期刊*Applied Energy*主编，曾担任四届国际能源大会主席，自2001年担任中国科学院海外评审专家、香港理工大学学术顾问、联合国UNFCC CDM EB，IPCC顾问专家、欧盟能源和气候变化顾问专家、亚洲开发银行(ADB)能源顾问专家。2014年起被我校热能系聘为客座教授。从事碳捕集利用与封存、移动式蓄能供热、新能源利用系统等方面的研究。在能源领域发表学术论文200多篇，其中SCI收录100多篇，一篇在*Science*上发表（IF31.204），他引次数1 500余次，论著19册。

王亚伟（1954—），工学博士。1982年毕业于河北工学院，获得汽车工程专业学士学位。1985年毕业于天津大学，获得内燃机专业硕士学位，毕业后留校任教，主讲内燃机测试、内燃机专业英语概论等课程。1999年获得英国纽卡斯尔大学工学博士学位，毕业后相继受聘于英国萨里大学和金士顿大学，从事教学和科研工作。在相关的国际和国内的学术期刊与学术会议上发表论文30余篇。

刘宁（1964—），教授。1985年本科毕业于天津大学内燃机专业，同年留校担任辅导员，1993年获得天津大学内燃机专业硕士学位。曾主讲内燃机专业内燃机制造工艺学、公差配合与技术测量、汽车拖拉机构造等本科生课程，指导生产实习和毕业设计，参与编写《热能与动力机械制造工艺学》《热能与动力机械基础》等教材。历任内燃机教研室党支部书记、教研室副主任、实验室主任、热能系副主任、教务处副处长、内燃机研究所副所长与所长、滨海工业研究院院长、后勤保障部部长、资产经营公司党委书记、董事长、校长助理。

任立环（1959—），天津人，研究员。1982年毕业于天津大学热物理工程系内燃机专业。1982—1985年在天津市内燃机厂工作，从事内燃机设计、制造和试验等技术工作。1985年到天津内燃机研究所工作，先后担任磁电机课题组长、第二研究室主任、天津大学天波科技公司总经理和研究所副所长等职务。主要从事内燃机增压节能的研究工作，国家磁电机行业标准起草和修订工作，国家摩托车电器行业标准的起草和修订工作，汽车、摩托车电器的设计、制造，检测技术的研究和检测设备的开发推广应用等工作。先后起草和修订了《磁电机技术条件和试验方法》《磁电机点火器技术条件和试验方法》《摩托车和轻便摩托车用电压调节器技术条件》《摩托车和轻便摩托车用起动电机技术条件》等多项国家行业技术标准。设计开发了磁电机试验台、起动电机试验台、摩托车电器综合试验台、发动机用交流电力测功机、汽车和摩托车底盘测功机等汽车、摩托车及摩托车电器成套检测设备。多项技术获得国家发明专利和实用新型专利，成果获天津市科技进步二等奖1项、三等奖2项。作为天津大学硕士生导师指导硕士生12人。

孟宪玲（1958—），天津人，高级工程师。1978年毕业于天津大学中技班后留校工作，1985年毕业于天津大学专科班，1997年参加工程热物理专业研究生班学习，成绩合格。1985年在热能系工作，主要讲授本科生热力学实验、换热器实验等。编写工程热力学实验指导书，曾指导本科生毕业设计。主要从事传热传质机理和应用方面的研究，完成多个科研项目。曾在《天津大学学报》《工程热物理学报》等刊物发表论文数篇。曾获得国家教委科学技术进步三等奖、天津大学优秀教学成果二等奖。于2014年退休。

吴本信（1947—），工人， 1968—1974年在内蒙古下乡，1975年1月进入天津大学基建处工务科，1985年转入热能系热工实验室， 2008年1月退休。

孙志远（1946—2016），研究员，工学博士。1969年天津大学内燃机专业毕业，1979年考取天津大学内燃机专业硕士研究生，1984年攻读天津大学内燃机专业博士学位，博士毕业后留校工作。1992—1996年任天津内燃机研究所副所长；1996—1998年任重点实验室主任；1998—2004年任天津大学校工会第一副主席。

王怀信（1959—），河北省晋州市人，教授，博士生导师。1982年毕业于东北电力学院工业热能专业，获学士学位，1985年毕业于天津大学，获工程热物理专业硕士学位，1992年获天津大学工程热物理专业博士学位。1985年被分配至天津大学热能系任教。于天津大学热能系工作期间，主要从事热力循环与工质、中低温热能转换利用技术、制冷空调热泵技术和流体热物性方面的研究，于中低温热能高效利用教育部重点实验室开展了多年的研究工作。在校期间主讲流体的热力学性质、流体平衡物性推算、工程热力学与能源利用进展、热能与动力工程概论等本科、研究生课程。曾任中国国民党革命委员会第十二届中央委员会委员、民革天津市第十届委员会常委、民革天津市高教总支委员会副主委，担任中国工程热物理学会热力学与能源利用分科委员、中国电力教育协会工程热力学教学委员会委员等。先后主持了“中低温地热发电与供热耦合系统新技术研究”“中高温烟气余热动力循环优化研究”等多项863计划、国家自然科学基金、天津市自然科学基金、天津市21世纪青年科学基金课题，在国际知名期刊*Energy*发表了*Performance analysis in near-critical conditions of organic Rankine cycle*，在*Applied Energy*发表了*Power cycles for waste heat recovery from medium to high temperature flue gas sources*等代表作，累计发表论文近百篇，其中SCIE、EI收录数十篇，SCI高引论文2篇，授权发明和实用新型专利数十项。

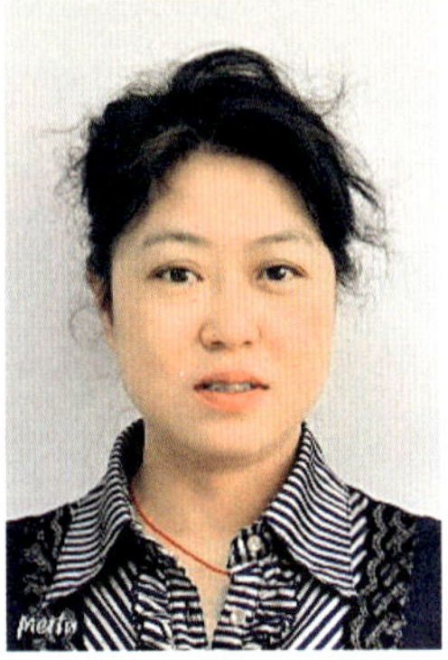

夏淑敏（1963—），天津市人，研究员，硕士生导师。1985年毕业于天津大学内燃机专业。毕业后进入天津内燃机研究所工作。主要研究方向为车用发动机、非道路发动机、摩托车用汽油机及小型通用动力及相关产品的设计研发。系《汽车工程手册·摩托车篇》的编委，参编《内燃机设计与优化》及《国产摩托车维修手册》《进口摩托车维修手册》等十余部专著，曾发表学术论文20余篇，获专利十余项。获史绍熙科技教育基金成就奖二等奖及天津市科技进步三等奖。

李汛（1954—2014），湖南人，副教授。1982年毕业于北京钢铁学院冶金炉专业，获学士学位；1986年毕业于天津大学工程热物理专业，获硕士学位。1986年起在天津大学热能系参加工作。曾任热能系副主任，电气自动化与能源工程学院副院长，天津市制冷空调协会常务理事。主讲传热学等课程。从事传热与传质、空调与热泵、能源系统与环境等的研究。

杜龙（1964—），上海人。1982年考入天津大学热物理工程系工程热物理专业。1986年毕业留校，任职于热能研究所太阳能研究室（1992年任研究室副主任），从事太阳能热利用方面的科研、工程开发和教学及行政管理工作。曾讲授工程热物理本科专业班的专业外语等课程。1993年初借调至广东核电合营公司大亚湾核电站，后调入深圳大学新能源设计研究所。现任职于深圳大学继续教育学院，从事管理工作。

苏维诚（1948—），热能研究所实验师。1969年毕业于天津市石油技术学校基本有机合成专业，1986年起到天津大学热能研究所工作。主要工作方向为热泵节能技术科研实验，CO_2热泵循环技术及CO_2膨胀机循环技术研究实验以及实验室的管理。

潘鹤松，1983年去新西兰奥克兰地热学院进修学习，获硕士学位。1986年回国，任职于地热中心，1988年再去新西兰读博士学位，毕业后移民新西兰定居。

舒歌群(1964—），男，汉族，浙江省长兴县人，教授，博士生导师，中国科学技术大学党委书记。1980—1984年在浙江大学学习，获学士学位。1984年起在四川省内河勘察规划设计院工作。1985—1987年在天津大学研究生班学习。1987年起在天津大学工作，1998年在职获天津大学工学博士学位，1998年晋升教授。历任天津大学内燃机教研室副主任、汽车工程系主任，学校科技处副处长、处长，内燃机燃烧学国家重点实验室主任。2007年1月起，任天津大学党委常委、副校长。2012年11月起，任天津大学党委副书记、副校长。2016年5月起，任天津大学党委常务副书记、副校长。2017年4月起，任天津大学党委常务副书记。2018年5月起，任中国科学技术大学党委书记。长期从事内燃机设计和内燃机余热能转化和利用的研究工作。作为首席科学家主持承担了973项目“高效、节能、低碳内燃机余热能梯级利用基础研究”（2010）、政府间国际科技创新合作重点专项“提高中载及重载卡车能效关键技术中美联合研究”（2017）等国家和省部级科研项目30余项。发表SCI论文120余篇，授权发明专利20余项。作为第一完成人获天津市科技进步一等奖（2006）、中国机械工业科技进步一等奖（2014）、国家科技进步奖二等奖（2015）、天津市自然科学一等奖（2017）和国家自然科学二等奖（2020）。2007年获“通用汽车中国高校汽车领域创新人才奖”一等奖，2008年获“中国内燃机学会突出贡献奖”，2009年入选“新世纪百千万人才工程”国家级人选，2010年享受国务院政府特殊津贴，2013年作为团队负责人入选科技部重点领域创新团队，2016年入选“万人计划”科技创新领军人才。现为国务院学位委员会第七届学科评议组动力工程及工程热物理

组成员、教育部高等学校能源动力类专业教学指导委员会副主任、教育部科技委先进制造学部副主任、中国内燃机学会副理事长、中国内燃机学会编辑委员会主任委员。

曹伟（1962—），上海人，教授。1984年毕业于上海复旦大学数学系力学专业，获理学学士学位；1987年毕业于上海复旦大学应用力学系，获理学硕士学位；1998—2001年攻读天津大学力学系流体力学专业博士学位，师从周恒院士，2001年获流体力学工学博士学位，并获天津大学首篇全国优秀博士学位论文。1987—2001年在天津大学热能系任教，2001年至今，在天津大学力学系任教。从事传热学和工程热力学的教学工作，从事流体力学稳定性和湍流的研究工作。发表论文多篇。

李丽新（1959—），辽宁人，高级工程师。1987年起到天津大学热能系实验室参加工作，主要从事热工参数测量及热工过程调节和控制的工作。所带实验课程包括传热学、锅炉原理、燃烧学等。

王万达，1987年从天津大学暖通专业调到地热中心，担任地热中心总工，承担多项国家科委科技攻关课题，参与天津市多项地热供热工程的系统设计。

魏杰（1963—），工学博士。1985年毕业于清华大学工程力学系，1988年天津大学工程热物理系硕士毕业后留校任教。主要从事液态工质相变传热与两相流动特性的研究，参加和主持了国家重点自然科学基金、国家青年自然科学基金和天津市科委基金等研究项目的工作。1997年取得日本东京工业大学工学博士学位，后进入日本富士通株式会社技术中心本部，从事包括超级计算机和服务器在内大型计算和通信系统的冷却封装技术的研究开发。在电子器件冷却与封装技术方面，申请和保有70余项日本与美国技术发明专利，并在相关国际学术期刊与会议上发表论文40余篇，受邀做专题演讲30余次。

林建生（1954—），教授。1982年本科毕业于天津大学内燃机专业，1988年硕士研究生毕业于天津大学内燃机专业并留校任教。主要从事内燃机专业本科教学与内燃机燃烧与工作过程研究。曾教授过内燃机原理、涡轮机原理等课程，指导过硕士和博士研究生。作为项目负责人主持过天津市相关教学改革项目，主编的教材《燃气轮机与涡轮增压内燃机原理与应用》获评天津市“十五”规划教材。作为项目负责人主持过国家高新技术探索项目（863项目）、国家自然科学基金项目、天津市科技攻关培育项目、天津市自然科学基金项目、军工项目及与企业合作横向课题等的研究，并发表相关论文多篇、授权专利多项。作为主要完成人曾获机电部科技进步二等奖、天津市自然科学三等奖等奖项。

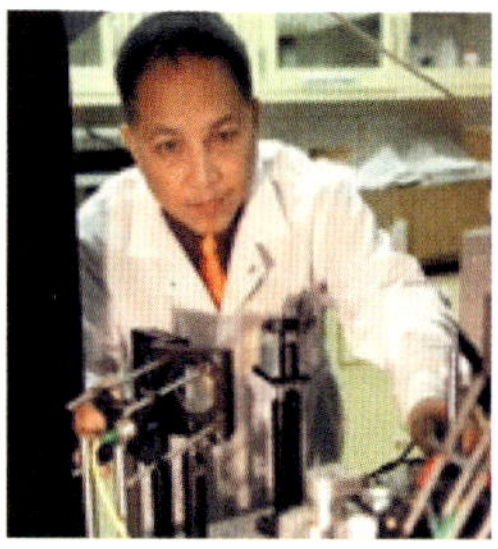

高志（1963—），博士。1985年毕业于天津大学精密仪器系，1988年天津大学工程热物理系硕士毕业后留校任教至1995年1月，主要从事激光燃烧诊断与燃烧空气动力学方面的研究；参加和协助主持了国家重点实验室基金，国家教委、科委及自然科学基金，国家青年自然科学基金和天津市科委基金等资助项目的研究工作。1999年获得美国迈阿密大学生物医学工程博士学位后在美国明尼苏达大学从事细胞工程学方面的博士后研究三年。2003年1月入职美国克莱姆森大学生物工程系任教至今，并一直从事生物组织工程，激光生物微加工微制作以及生物光子学等方面的研究。现职称为南卡罗来纳州生物制造工程讲席教授。在生物医学工程等领域发表同行评审期刊论文120余篇，并在相关国际会议上宣读或张贴论文近200篇，受邀做专题演讲50余次。

孙金辉（1963—），工学博士。1985年毕业于天津大学热能工程系，1988年天津大学热能工程系硕士毕业后留校在内燃机燃烧学国家重点实验室从事研究工作。主要从事陶瓷隔热发动机燃烧过程研究。1995年取得英国曼彻斯特理工大学工学博士学位，后于新加坡南洋理工大学，美国阿贡国家实验室、纳威斯达公司、卡特彼勒技术中心，中国康跃科技从事柴油机排放研究以及空气系统、燃油系统、后处理系统、增压器方面的新技术和新产品开发。获得35项美国专利，发表15篇科研论文。

司士荣（1954—），河北深泽人，副研究员。1970年进入天津大学机械工程系机床专业学习，1972年在天津大学机工厂负责金工实习。1983年调分析中心负责液相、气相色谱仪分析。1985年在电视大学图书馆专业学习，1993年在天大职教学院教育管理专业学习。1988年初调地热中心，负责地热资料信息工作。从1991年开始编辑发行行业内的《地热能》双月刊，参与国家“十二五”“十三五”地热能发展规划中地热能利用内容的编写，连任三届中国能源研究会地热专业委员会副秘书长，工作至2009年退休并延聘至2016年。工作期间，在《天津大学学报》《太阳能学报》《可再生能源》《地热能》等期刊发表论文15篇，地热能信息几百条。

谭从民（1964—），陕西人，讲师。曾获2014年国家级高等教育教学成果奖二等奖。1988年毕业于天津大学内燃机专业，获硕士学位，同年任职于天津大学热能系。于天津大学内燃机专业工作期间，主要从事内燃机测试技术、双燃料发动机技术改装方案等方面的研究。在校期间主讲微型计算机原理和应用、测试技术等课程，在《内燃机学报》发表了《气道稳流试验台测量精度研究》《内燃机噪声测量中的声强测试技术》等代表作。

张宝欢（1966—），河北人，研究员。1989年毕业于天津大学热物理工程系内燃机专业，进入天津内燃机研究所工作，从事内燃机节能减排及现代设计。1997年3月参加天津大学机械工程学院动力机械及工程在职硕士学位学习，2003年被授予工学硕士学位。2003年6月—2018年6月任天津内燃机研究所副所长，其间分别主管设计开发及产业工作。2007年获硕士研究生导师资格，2008年晋升研究员。共获省部级奖励三项：2006年获天津市科技进步一等奖，2014年获中国机械工业科学技术一等奖，2021年获天津市技术发明一等奖。

杨长林（1964—），工学博士。1986年毕业于天津大学热物理工程系内燃机专业，1989年获得天津大学热物理工程系内燃机专业硕士学位后留校在天津大学内燃机燃烧学国家重点实验室工作。参加了隔热发动机燃烧过程及多种燃料燃烧的研究等国家攻关项目的工作。1996年赴日本留学，2000年取得日本德岛大学工学博士学位并就职于日本Bosch株式会社，从事柴油机喷射系统的匹配、标定以及项目管理工作，担任课长职务。2007年加入日本东京计装株式会社担任部长职务，并担任东京计装（北京）仪表有限公司总经理。

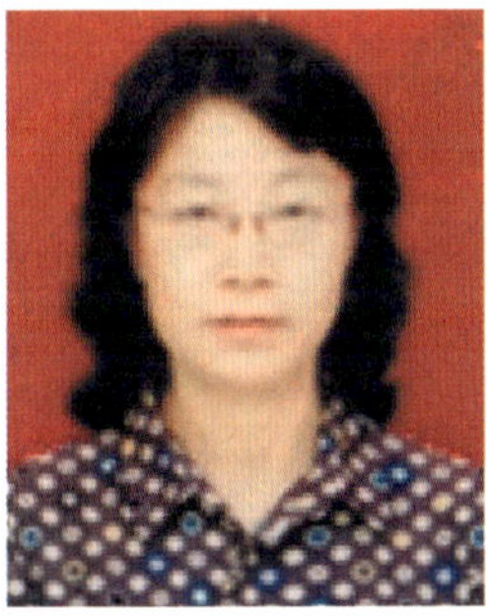

金顺爱（1964—），工学硕士。1989年硕士毕业于天津大学热能工程系，毕业后留校任教。1994年，转至天津大学内燃机燃烧学国家重点实验室《内燃机学报》编辑部，从事编辑工作。2004年，调入天津大学期刊中心《纳米技术与精密工程》编辑部，现就职于《天津大学学报（自然科学与工程技术版）》编辑部。

傅晓光（1960—），1983年毕业于天津大学热物理工程系，1983—1989年在天津汽车发动机厂从事汽油机设计研发工作。1989年到天津大学内燃机教研室从事汽油机射流燃烧技术研发及实验工作，并承担内燃机专业本科生内燃机原理实验教学工作，1994年到内燃机燃烧学国家重点实验室从事柴油机、天然气发动机、燃烧、排放试验工作。2007年承担内燃机专业本科生内燃机原理、内燃机构造实验教学工作。2013年承担内燃机专业本科生生产实习工作。

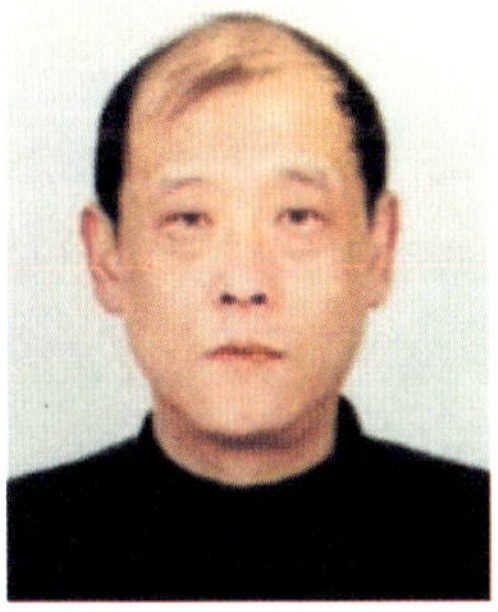

孙平乐（1954—），河北人，技师，中专毕业。1984年5月入校工作，1989年11月转地热中心。主要研究方向：地热开发利用；参与国家科技攻关课题、863计划研究课题等。负责地热中心实验设备管理以及协助地热中心研究生实验系统搭建等工作。

刘昌文（1963—），四川省富顺县人，教授，博士生导师。1983年毕业于天津大学精仪系，1986年获天津大学热能系内燃机专业硕士学位，1989年获天津大学热能系内燃机专业工学博士学位。同年被分配至天津大学内燃机专业任教。于天津大学内燃机专业工作期间，主要从事内燃机测试与燃烧诊断、内燃机及车辆的电子控制等领域的研究，先后培养了11位博士和42位硕士。在校期间主讲激光诊断技术、激光多普勒技术、科技文献检索、汽车空气动力学、内燃机电控技术等课程。主持“多维数字相关频率跟踪型激光测速系统及其空间扫描方法”“发动机管理系统开发平台（开发环境）的研究开发”等国家自然科学基金及省部委项目，完成了国际合作、国家、部委及横向课题研究40余项。获国家专利授权50余项。获国家发明奖和国家级教学成果奖各1项、省部委科技进步奖5项。于《中国激光》发表了《声光扫描激光测速研究》，于*SAE International*发表*A novel fuel measurement theory T3*等代表作，于各类刊物累计发表论文100余篇。

傅光琦（1945—），浙江镇海人，研究员，博士生导师。1967年毕业于天津大学动力系内燃机专业。长期在基层工作，1990年由湖北宜昌柴油机厂调天津大学。主持了R175型柴油机研发设计，160型柴油机及直喷燃烧系统研发，江淮汽车2.4 L系列车用发动机，HFC4GA系列发动机、2.7 L CTI柴油机、3.5 L大排量汽油机、全柴H25柴油机等数十项整机研发。R175型柴油机获1978年全国科学大会设计奖；160型柴油机及直喷燃烧系统分获2000年、2001年教育部科技进步三等奖和天津市科技进步二等奖。主持设计的车用发动机多次被评为“十佳发动机”，2008年获国务院政府特殊津贴。

冯翾（1966—），工学博士。1987年本科毕业于天津大学工程热物理系内燃机专业，1990年天津大学工程热物理系内燃机硕士毕业后留校任教，2002年于德国卡尔斯鲁厄大学内燃机专业取得博士学位。拥有德国汽车业界20多年的发动机产品研发和管理经验：负责发动机产品研发和技术服务，负责德国技术服务公司的项目销售，负责德国发动机核心零部件供应商的产品开发，负责为供应商销售团队提供发动机技术支持，负责与主流客户的技术谈判，负责为客户提供技术支持。负责中国控股的德国子公司的运营和管理：作为总经理全面负责德国公司的战略、人事、销售、采购和研发；负责德国子公司与中国总部之间的各项目的对接运行；负责德国子公司的本地化，确保各部门的顺利运营和问题的及时解决。负责德国华人社团的领导工作：历任全德华人机电工程学会汽车工程部长，动力总成技术特聘专家，纽伦堡中文学校校长，卡尔斯鲁厄大学中国学生会副主席等。

郭新川（1962—），副教授。1983年毕业于西安交通大学低温技术专业，1990年毕业于天津大学工程热物理专业，获工学硕士学位。1990—1996年在天津大学热能系担任助理研究员、太阳能研究室主任。1998—1999年担任英国BOC公司运行经理，1999—2012年任丹麦丹佛斯公司中国区销售总监，2012年至今任意大利EMMETI大中国区总监。

李红云（1965—），广西南宁人。1988年从清华大学工程力学系考入天津大学工程热物理专业攻读硕士学位，师从张国勋教授。1991年毕业留校任职于热能研究所，从事热能利用方面的科研、教学及管理工作。曾担任工程热物理本科专业的班主任和专业课程的助讲教师。1994年到深圳科技工业园工作。后调入深圳大学任职于机电与控制工程学院院办。

高连升，主讲内燃机制造工艺学、内燃机工艺学等课程。

高红勋（1966—），工学博士。1988年毕业于天津大学热能系内燃机专业，1991年硕士毕业后留校任教。2005年取得美国得州大学工学博士学位，博士论文是关于汽油机的高能点火研究。博士毕业后进入美国通用汽车公司，主要从事汽油机和柴油机燃烧系统的新产品研发，车用柴油机燃烧系统的开发和柴油机性能标定。拥有三项美国技术发明专利，并在SAE及相关国际学术会议上发表论文十余篇。

孙政（1963—），天津人，助理研究员，1984年毕业于大连工学院（现大连理工大学）内燃机专业，本科；1992年毕业于天津大学工程热物理专业，硕士。1984—1990年在渤海石油公司船厂、天津第一发电厂工作，1992年毕业后留校。主要讲授课程有控制理论基础、供热工程，主要研究领域为热工测试技术、热工智能仪表、供热系统智能调控等。

郗大光（1961—），辽宁人，教授。1982年本科毕业于大连工学院内燃机专业，1982—1983年在407厂（河南柴油机厂）设计科工作，1983—1990年在大连理工大学动力机械及工程专业读研究生，获得硕士和博士学位。1990—1992年在天津大学动力机械及工程博士后流动站从事研究工作，1993—1997年在内燃机燃烧学国家重点实验室任副教授，1997年升任教授，1997—2000年在美国克拉克森大学机械与航空系做访问学者，2000年回国后任内燃机燃烧学国家重点实验室副主任，2001—2016年任天津内燃机研究所教授。1995年联合创建天津市双博科技有限公司，2003年联合创建浙江飞亚电子科技有限公司，2003—2011年由股东天津内燃机研究所推荐任总经理。研究领域包括CFD技

术、液体射流稳定性及雾化机理、液体喷雾特性及装置、电控燃油喷射技术、电控发动机排放控制技术、柴油机后处理SCR技术等，累计申请国内外专利70余项，发表研究论文60余篇，主持的研究成果“小型发动机管理系统技术体系FAI”获得2008年中华全国工商业联合会科技进步一等奖，主导开发的产品FAI摩托车电喷系统为国内第一个批量上市的自主技术发动机电喷系统，主要参与开发的FAI SCR尿素计量喷射系统为国内第一个批量上市的自主技术柴油机后处理尿素计量喷射系统。

李玉峰（1964—），工学博士。1984年在太原工学院获学士学位，1989年在吉林工业大学获硕士学位，1995年在天津大学获博士学位。1995—1999年在天津大学内燃机燃烧学国家重点实验室任副主任，1999—2005年在英国布鲁内尔大学任博士后研究员，2005—2011年在福特汽车公司英国技术中心任高级工程师。2011年至今在中国北方发动机研究所任特聘首席专家，并兼任北京理工大学特聘教授、天津大学校外博士生导师。主要从事内燃机燃烧研究和性能开发工作，承担研究课题20余项，参与8款柴油机和汽油机性能开发，在缸内流动、燃烧过程、光学诊断、高强化燃烧等研究领域发表学术论文90余篇，在燃烧系统、性能标定、排放控制等开发方面完成技术报告百余篇，积累了丰富的内燃机性能开发经验。

汪健生（1964—），江苏省泰州市人，教授，博士生导师。1984年毕业于天津大学热物理工程系内燃机专业，获工学学士学位。1992年毕业于天津大学热能工程系工程热物理专业，获工学硕士学位。1995年毕业于天津大学力学系流体力学专业，获工学博士学位。1995—1997年在天津大学动力工程及工程热物理博士后流动站工作，师从我国著名内燃机专家史绍熙先生。1997年在天津大学热能工程系任教，曾任天津大学机械学院热能工程系主任，主要从事强化传热、流动控制、地热能开发利用等领域的研究，先后培养了近50位硕博士研究生。主讲工程热力学、传热学、燃烧学、热工理论基础、热工测试等课程。主编了《燃烧学》教材。曾担任河北省热科学与能源清洁利用技术重点实验室学术委员会主任、教育部学位与研究生教育发展中心评审专家。曾主持包括国家自然科学基金、国家863计划项目、国家重点研发项目、天津市自然科学基金重点项目、天津市科技支撑计划重点项目、天津市科技发展计划项目及若干企业合作项目。获国家级教学成果二等奖2项、天津市教学成果一等奖1项、天津市科技进步三等奖1项。发表论文120余篇，其中SCI论文71篇、EI论文32篇。

宫卫东（1971—），工学博士。1993年毕业于天津大学热能工程系，1996年天津大学热能工程系硕士毕业后留校在内燃机燃烧学国家重点实验室从事研究工作。主要从事汽油机分层稀薄燃烧及进气道优化设计及测试研究。2001年取得美国阿拉巴马大学工学博

士学位，后进入美国卡特彼勒技术中心，从事天然气及代用燃料发动机技术的研究开发，申请和保有12项美国与国际技术发明专利。曾作为核心团队成员参与卡特彼勒中国无锡研发中心的创立以及卡特彼勒旗舰产品3500系列发动机天津工厂的建立并成功实现产品国产化。

姚春德（1955—），安徽人，教授。1982年2月考入天津大学热物理工程系内燃机专业研究生，1984年10月毕业并获硕士学位，1988年获天津大学内燃机专业工学博士学位。1993年5月获王宽诚奖学金赴德国亚琛工业大学进修，1994年4月回国。1995年元月赴美国参与四缸高速柴油机设计，年底项目完成回国。1991年获原机械工业部优秀科技青年，1995年机械工业部首批跨世纪学科带头人，1997年被国家教委、人事部授予“全国优秀留学回国人员”称号，同年10月作为引进人才回到天津大学内燃机燃烧学国家重点实验室工作。1998年3月任重点实验室副主任至2021年3月退休。1999年6月聘为教授，2020年任博士生导师。从事内燃机及其替代燃料高效和清洁利用研究39年。2002年开始对甲醇在压燃式发动机上应用进行研究，提出了“柴油甲醇组合燃烧技术”，该技术已经在船舶、内燃机车、发电机组、工程机械和重载柴油车得到应用。作为负责人获得国家自然科学基金支持课题9项，其中2项重点课题（其中有1项是合作负责人），获得国家863课题4项，国际合作项目5项。发表论文370余篇，其中SCI论文近100篇，出版专著2部，编写教材1本，2020年和2021年度获爱思唯尔评定的中国高被引学者。获批国家发明专利20件，实用新型40件，外观6件，软件著作权6件。培养硕士研究生47名，博士研究生44名，均获得相应的学位。曾担任工程热物理学会常务理事（2000—2018），国内燃烧分会执行主任（2004—2015），工程热物理学会副理事长（2015—2018），工信部甲醇汽车推广应用专家组副组长（2019—），国家能源学会专家委副主任（2021—）。2012年获天津市“五一劳动奖章”，2018年获中国内燃机学会“昆仑”突出贡献奖，并于同年享受国务院政府特殊津贴。获得省部级一等奖1次、二等奖4次、三等奖2次，国家专利优秀奖1次，天津市专利优秀奖1次。

王迅（1963—），天津市人，副教授，硕士生导师。1985年毕业于天津大学土木工程系，获学士学位，1988年毕业于北京工业大学热能工程系，获硕士学位，同年进入北京工业大学热能工程系任教，1999年获得日本佐贺大学工学博士学位。2000年进入天津大学工程热物理专业任教。于天津大学工程热物理专业工作期间，主要从事强化传热、中低温能源有效利用等领域的研究，先后培养了20多位硕士。在校期间主讲传热学、工程热力学、热传导和辐射换热等课程。主持了国家高科技研究发展计划(863计划) “新型混合式海洋温度差能利用系统”等项目，于《天津大学学报》发表了《平板型环路热管启动特性数值模拟》等论文。

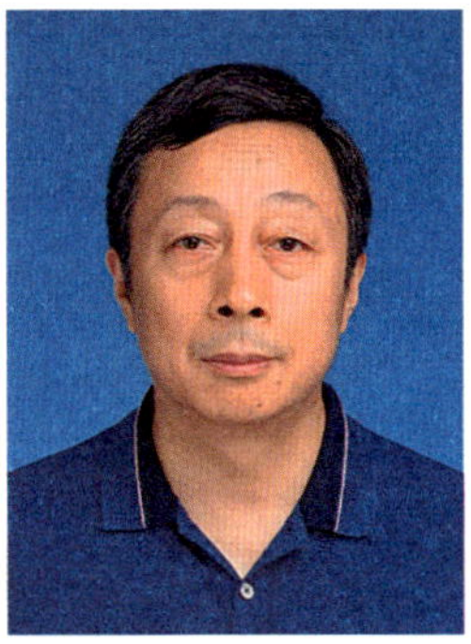

何邦全（1964—），安徽省巢湖人，副教授。1987年毕业于安徽工学院动力系，1994年获安徽工学院汽车系硕士学位，2001年获得天津大学动力机械及工程专业工学博士学位。2001—2003年在清华大学汽车系做博士后研究工作，2003年到天津大学内燃机燃烧学国家重点实验室工作。在天津大学内燃机燃烧学国家重点实验室工作期间，主要从事先进内燃机燃烧基础和应用领域的研究，先后培养了30余位硕士。在校期间主讲专业英语文献阅读、专业英语口语和内燃机废气净化技术等课程，编写了《内燃机排放控制原理》教材。曾担任中国内燃机学会燃料与润滑油分会委员、《车用发动机》编委等。先后主持了国家自然科学基金面上项目、863计划子课题、国际合作和企业课题多项，在国内外期刊和学术会议上发表论文100多篇。

卫海桥（1974—），湖北省黄石人，教授，博士生导师。1998年毕业于东北电力学院热能动力工程专业，获工学学士学位，2001年毕业于昆明理工大学载运工具与运用工程专业，获工学硕士学位，2004年毕业于天津大学动力机械及工程专业，获工学博士学位，同年进入内燃机燃烧学国家重点实验室博士后流动站工作，2006年留校工作。历任内燃机燃烧学国家重点实验室副主任，机械学院能源与动力工程系主任，天津大学科学发展研究院副院长等职务，2023年调入沈阳航空航天大学任副校长。在校期间部分承担了测试技术、现代控制理论等课程的教学。主要从事燃气轮机/内燃机湍流燃烧基础研究、汽油机爆震、低速船机稳定性燃烧、活塞式航空发动机以及清洁能源制备（包括光电、光热制氢、甲醇制备、氢发动机、氨氢融合发动机、高温氧化物燃料电池）及其利用等方面的研究工作，承担了包括国家自然科学基金杰出青年基金、国家重点研发计划等国家级重大重点项目30余项。发动机宽工况高效稳定燃烧关键技术、轻型汽油动力高强化、高品质关键技术、大梯度余热能回收高效底循环匹配理论及方法、柴油机低噪声设计关键技术及应用等成果在企业得到广泛应用，获国家自然科学二等奖1项、国家科技进步奖二等奖1项、天津市自然科学一等奖1项、天津市技术发明一等奖2项、天津市科技进步一等奖1项。

赵昌普（1964—），河南省巩义市人，副教授，硕士生导师。1985年毕业于洛阳工学院（现河南科技大学）内燃机专业，2003年获天津大学动力机械及工程专业博士学位。2004年博士后出站后进入天津大学动力机械及工程专业任教。于天津大学动力机械及工程专业工作期间，主要从事内燃机燃烧与排放控制的研究，先后培养了50位硕士。在校期间主讲热能与动力机械制造工艺学、热力发动机工作过程数值模拟等课程，作为第一副主编参与了《内燃机制造工艺学》教材的编撰工作。担任中国内燃机学会《内燃机学报》编辑部主任。先后主持或参与国家自然科学基金面上、重点，973、863计划，军工等纵向项目23项；横向项目5项。发表学术论文68篇，其中EI/SCI检索40篇。

卫立夏（1975—），山西人，教授。1993年9月考入山西大学应用化学专业，1997年7月毕业并获理学学士学位。2001年9月考入中国科学技术大学国家同步辐射实验室并提前攻读博士学位，于2006年7月获中国科学技术大学核技术及应用专业工学博士学位。2007年5月进入西安交通大学能源与动力工程学院完成博士后研究工作，2010年5月出站，随后于2010年6月进入天津大学内燃机燃烧学国家重点实验室工作，2011年5月受Sino-British Fellowship Trust资助，作为英国皇家学会海外研究人员赴英国伯明翰大学访学，2013年4月回到天津大学内燃机燃烧学国家重点实验室工作。2016年12月调入广西大学机械工程学院工作。

彭志军（1965—），河南省中牟县人，教授，博士生导师，天津市海河计划人才。1986年毕业于天津大学热能工程系，1993年毕业于天津大学热能系，获硕士学位，1996年获得天津大学工学博士学位。2013—2023年于天津大学机械工程学院内燃机燃烧学国家重点实验室任兼职教授，工作期间主要从事内燃机燃油喷雾和油空混合等领域的研究，先后培养了3位博士和20位硕士。在校期间部分承担了内燃机燃烧学等课程的教学。曾任英国萨塞克斯大学工程与设计学院高级讲师、英国贝德福德大学科学与工程学院教授和新能源研究院主任、英国林肯大学工程与物理科学学院教授和分管研究的副院长。被选为英国机械工程学会会士和学术评价委员会委员、英国皇家化学学会会士、国际汽车学会会员和专家委员会委员，担任SCI期刊*Electronics Letters*和SCI期刊*Johnson Matthey Technology Review*编委。先后主持了“直喷汽油机中燃油撞壁及其与机油油膜相互作用机理的基础研究”等国家自然科学基金面上项目，于*Fuel*发表了*Combustion characteristics of n-heptane spray combustion in a low temperature reform gas/air environment*等代表作。

王晔（1988—），天津人，工学博士。2014年于北京航空航天大学工程热物理系硕士毕业后，加入天津大学能源与动力工程系，主要负责本科专业课程实验教学及相关工作。在澳大利亚国立大学太阳能光热课题组从事博后课题研究。

赵彦杰（1989—），河北邯郸人，讲师。2011年毕业于天津大学热能与动力工程专业，获得学士学位；2016年毕业于上海交通大学，获制冷与低温工程专业博士学位；2014年10月—2015年2月在马斯达尔科技学院做访问学者。2016年入职天津大学能源与动力工程学科担任讲师。主要研究方向为高效蓄能技术、结霜机理及抑制措施以及Marangoni冷凝及液滴自发移动现象。担任天津市制冷学会冷藏运输专委会秘书长职务。担任国家重点研发计划“多能互补高效梯级利用的分布式供能关键技术”子课题任务负责人，2017年获批博士后创新人才支持计划，主持天津市自然科学基金青年项目“无机盐-

水热化学吸附储热/制冷的循环机理研究”。国内外发表学术论文近10篇。

封永亮（1985—），工学博士。2009年毕业于天津大学机械工程学院热能与动力工程专业，2016年于法国巴黎第六大学达朗贝尔实验室及西安交通大学能源与动力工程学院博士毕业。2016年5—12月在天津大学机械工程学院能源与动力工程系担任讲师，主要研究方向为多相流流动传热问题的高精度数值计算方法。2017—2021年在法国艾克斯-马赛大学进行博士后研究工作，主要从事格子玻耳兹曼方法在亚跨音速流动中的应用和优化，并与空客公司、赛峰集团等合作开发面向飞行器及发动机设计的新型流体力学仿真软件。从2021年9月起，任职于西北工业大学航空学院和极端力学研究院，从事城市大气污染物扩散、高超音速飞行器等相关流体力学、传热传质问题的研究。

赵天寿（1961—），陕西省合阳人，中国科学院院士、能源科学与工程热物理专家，南方科技大学碳中和能源研究院院长。1983年毕业于天津大学热物理工程系，1986年获该专业硕士学位，1995年获美国夏威夷大学博士学位。现任南方科技大学碳中和能源研究院院长、美国机械工程师学会会士、英国皇家化学学会会士、中国化学学会会士、*International Journal of Heat and Mass Transfer*主编。曾任香港科技大学能源研究院院长、香港科技大学工程及环境学冠名讲席教授。曾获国家自然科学二等奖（2次）、何梁何利基金科学与技术进步奖、香港裘槎基金会资深研究成就奖、香港科大工程学杰出研究成就奖。入选科睿唯安/汤森路透全球高被引科学家和最有影响力科学思想名录。

李彦哲（1987—），天津人，讲师。2018年毕业于天津大学工程热物理专业获博士学位，并于同年入职天津大学机械工程学院能源与动力工程系，担任讲师至2021年。在天大任职期间，参与国家重点基础研究发展计划（973项目）“高效、节能、低碳内燃机余热能梯级利用基础研究”子课题“热电材料多尺度结构中传热规律及高效热电转换机理”的研究工作，开展了采用多孔介质核心流强化传热技术用于温差发电器的研究。

李文甲（1991—），河北沧州人，副教授。2018年毕业于中国科学院工程热物理研究所，在工程热物理专业获博士学位。于同年入职天津大学机械工程学院能源与动力工程系，担任副教授至2023年。在天大任职期间，参与国家自然科学基金重大项目“储热提质转换方法及调控”，主持国家自然科学基金青年基金项目“光伏光热互补放热全光谱制氢机理研究和国家储能技术产教融合创新平台技术攻关”、太阳能光伏电解水制氢技术攻关等，开展了太阳能分频光伏光热利用和电热互补电解制氢等方向的研究。

佟强（1988—），辽宁丹东人，讲师。2018年毕业于天津大学动力机械及工程专业获博士学位，2019年入职天津大学能源与动力工程学科担任讲师。主要研究方向为发动机与车辆智能控制。在国家863项目的支持下，开展了缸内直喷汽油机有效扭矩观测和有效扭矩精确控制的研究工作，参与开发具备先进的发动机控制软硬件的研发平台。开发了六代ECU硬件平台和满足AUTOSAR标准的基础软件库，建立了包括基础软件开发的工作。相关成果被国际芯片巨头英飞凌公司作为ECU标准开发包向全球推广。

石玉琦（1985—），吉林省公主岭人，讲师、助理教授。2018年毕业于浙江大学能源工程学院，获得浙江大学制冷及低温工程博士学位。同年加入天津大学能源与动力工程系任教。在校期间主讲动力装置设计与优化、制冷与热泵技术、制冷低温原理等课程，曾任天津大学中低温热能高效利用教育部重点实验室主任助理，担任中国制冷学会青年委员、天津市制冷学会分会秘书长。先后主持了“基于数据与物理模型的混合建模制冷剂泄漏预测及调控技术研究”等省部级项目。

工作岗位上的教师简介

苏万华，中国工程院院士，1941年11月21日出生于佳木斯市，男，汉族，山东宁津人，中共党员。1965年毕业于天津大学动力与自动化系，后在天津大学攻读内燃机专业研究生，1968年毕业。曾任天津大学内燃机燃烧学国家重点实验室主任。现任天津大学教授，博士生导师，内燃机燃烧学国家重点实验室学术委员会副主任，中国内燃机学会名誉理事长，《内燃机学报》主编，国际刊物*Int. J. Engine Research* 和*Int. J. Automotive Technology* 编委。长期从事内燃动力工程的研究和研究生培养工作。20世纪80年代后期，在国内最早提出柴油机电子控制的技术方向，“九五”期间完成电控高压共轨燃油系统研发和小批试制；开发了全电控柴油引燃天然气双燃料发动机。2001年之后连续作为973项目首席科学家，提出“燃烧过程混合率和化学反应率协同控制理论”；提出全工况多模式复合燃烧技术，中低负荷实现低温燃烧，高负荷实现高密度低温燃烧。先后开发成功无后处理器满足国四法规的新型柴油机和可变压缩比高热效率国六柴油机。1996年获中国自然基金会和GM联合颁发的首届GM-CHINA Kettering Outstanding Achievement Award；2005年获中国内燃机学会颁发的首届中国内燃机杰出科技成就奖；2010年作为第一完成人获国家技术发明奖二等奖。

金东寒，中国工程院院士，1961年1月11日出生于黑龙江省绥化市，原籍浙江省新昌县，中共党员，第二十届候补中央委员。1989年毕业于中国舰船研究院并获博士学位。2001年任中船重工集团公司第七一一研究所总工程师，2004年2月—2015年6月任所长兼总工程师。2015年7月—2019年6月，任上海大学校长。2019年6月起任天津大学校长、党委副书记。中国内燃机学会理事长、国际内燃机学会理事会（CIMAC）主席、内燃机燃烧学国家重点实验室主任、《内燃机工程》主编。曾任第十一届全国政协委员，第十二届全国人大代表，中国共产党第十八届、第十九届候补中央委员。长期从事新型发动机及其动力系统研究与应用开发，先后主持上海市科技攻关、国家自然科学基金、国防重点预研、先期技术演示验证和重大型号研制等重大科研和工程项目20多项，取得了一系列开创性成果。21世纪初，主持研制成功的特种发动机动力系统达到了当时的世界先进水平，并在重大工程中批量应用，是我国该领域的开拓者。获得国家科技进步奖特等奖1项、一等奖1项，省部级科技进步一等奖3项，其他奖4项。出版专著一部，发表论文数十篇。先后获得中国青年科技奖、中国青年科技创新奖、全国“五一劳动奖章”、全国优秀科技工作者、何梁何利科学与技术进步奖、上海市科技功臣等20多项国家和省部级荣誉称号。所领导的团队多次获得上海市劳模集体等荣誉称号，受到中共中央、国务院、中央军委的表彰。

刘欣　研究员

1984年毕业于天津大学热物理系内燃机专业

1984年起任职于天津大学热能系

研究方向：车辆性能评价技术及法规标准研究

E-mail: liuxin@tju.edu.cn

赵军　教授

1985年毕业于天津大学工程热物理专业

1987年任职于天津大学热能系

研究方向：中低温热能高效利用新技术；数字型综合能源新理论及新技术；能源系统中碳减排技术与新方法

E-mail:zhaojun@tju.edu.cn

张俊红　教授

2004年毕业于天津大学动力机械及工程专业

1987年任职于天津大学热能系

研究方向：动力机械振动噪声控制；动力机械疲劳与可靠性分析；动力机械故障诊断；现代内燃机设计；车辆NVH控制；增压中冷匹配技术

E-mail:zhangjh@tju.edu.cn

李志军　教授

1984毕业于吉林工业大学

1987年任职于天津大学热能系

研究方向：发动机燃烧和排放控制；车辆发动机工作过程优化；可替代燃料、发动机电控以及发动机CFD模拟

E-mail:lizhijundd@163.com

李新国　教授

2004年毕业于天津大学工程热物理专业

1987年任职于天津大学热能系

研究方向：热力学循环理论与技术；中低温热能高效利用与节能技术

E-mail:xgli@tju.edu.cn

戴传山　研究员

2003年博士毕业于日本冈山大学工学部机械工学科传热研究室

1988年任职于天津大学热能系地热研究与培训中心

研究方向：地热能开发利用；复杂流体与相界面传热传质；多尺度流动与传热

E-mail:csdai@tju.edu.cn

胡春明　研究员

2006年毕业于天津大学动力机械及工程专业

1989年任职于天津内燃机研究所

研究方向：内燃机及混合动力系统智能控制；先进燃烧与排放控制；清洁燃料应用控制；航空动力智能控制；大数据分析及智能算法

E-mail: cmhu@tju.edu.cn

高文志　教授

1997年毕业于天津大学内燃机专业

1992年任职于天津大学热能系

研究方向：内燃机振动与噪声控制；内燃机零部件优化设计与有限元分析；内燃机CFD计算与分析；内燃机配气系统动力学分析与优化设计

E-mail:gaowenzhi@tju.edu.cn

尧命发　教授

1999年毕业于天津大学动力机械及工程专业

1992年任职于天津大学内燃机燃烧学国家重点实验室

研究方向：内燃机燃烧理论和燃烧新技术；燃料燃烧反应动力及能量转化机理；发动机燃烧数值模拟

E-mail:y_mingfa@tju.edu.cn

杨延相　教授

1989年毕业于日本九州大学动力机械专业

1992年任职于天津大学内燃机燃烧学国家重点实验室

研究方向：内燃机及车辆电子控制技术；内燃机燃烧及排放控制技术；内燃机尾气后处理技术；发动机及车辆排放特性研究；液体雾化特性及机理研究

E-mail: yangyanxiang@fai.com.cn

宋崇林　研究员

1994年毕业于吉林工业大学内燃机专业

1994年任职于天津大学内燃机燃烧学国家重点实验室

研究方向：内燃机燃烧过程污染物生成机理及排放控制；内燃机后处理技术及原理；内燃机排放物的检测技术及环境行为

E-mail:songchonglin@tju.edu.cn

汪洋　研究员

1995年毕业于天津大学内燃机专业

1995年任职于天津大学内燃机燃烧学国家重点实验室

研究方向：内燃机电控；内燃机代用燃料； 新型内燃机；内燃机高压共轨技术；海洋滑翔机关键技术；水上无人机

E-mail:wang_yang@tju.edu.cn

毕凤荣　教授

2003年毕业于天津大学动力机械及工程专业

1995年任职于天津大学机械系

研究方向：车辆与动力机械振动与噪声控制；车辆与动力机械健康状态评估与故障诊断；车辆动力学

E-mail: fr_bi@tju.edu.cn

祖炳锋　研究员

2006年毕业于天津大学动力机械及工程专业

1996年任职于天津内燃机研究所

研究方向：现代内燃机设计理论及方法；低碳高效内燃机整机开发；清洁能源动力系统研究；多元动力系统控制

E-mail: zbf@tju.edu.cn

徐玉梁　研究员

2009年毕业于天津大学动力机械及工程专业

1996年任职于天津内燃机研究所

研究方向：高效发动机设计与优化、工作过程开发与优化计算、混合动力构型与策略研究

E-mail: xyL@tju.edu.cn

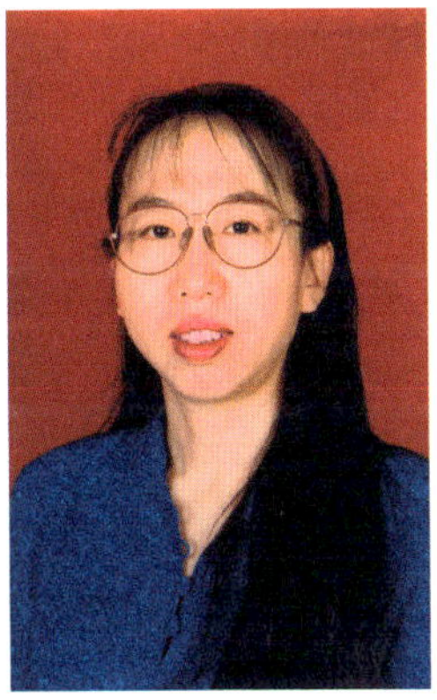

杨昭　教授

1995年毕业于天津大学热能工程专业

1997年任职于天津大学热能系

研究方向：低碳工质及替代技术；先进制冷及热泵技术；生物冷藏干燥技术

E-mail: zhaoyang@tju.edu.cn

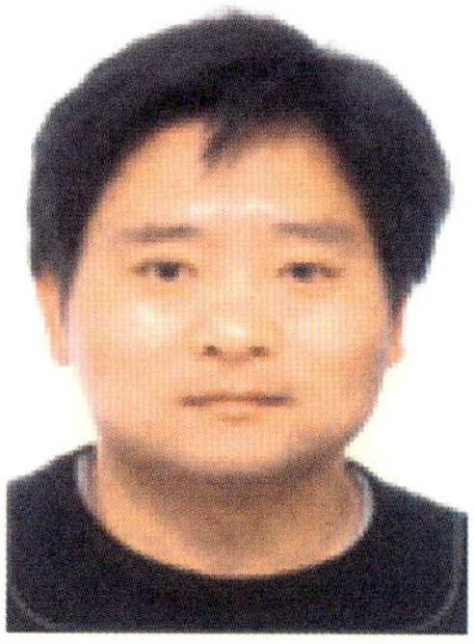

杨礼河 研究员

2005年毕业于天津大学动力机械及工程专业

1997年任职于天津内燃机研究所

研究方向：内燃机油品评定技术；内燃机油品品质技术研究；替代燃料；油液监测技术及远程智能在线监测设备

E-mail: ylh@tju.edu.cn

谢辉 教授

1998年毕业于天津大学动力机械及工程专业

1998年任职于天津大学内燃机燃烧学国家重点实验室

研究方向：动力总成及车辆智能控制；发动机先进算法及多核ECU；无人驾驶智能控制

E-mail: xiehui@tju.edu.cn

郑尊清 研究员

2009年毕业于天津大学动力机械及工程专业

1999年任职于天津大学

研究方向：内燃机燃烧及排放控制；内燃机替代燃料

E-mail: zhengzunqing@tju.edu.cn

洪彬 研究员

2012年毕业于天津大学机械制造及自动化专业

2000年任职于天津内燃机研究所

研究方向：车辆及动力系统测试与仿真；车辆及动力系统智能工程；车辆电气系统绝缘安全

E-mail: hongbin@tju.edu.cn

赵华　教授

1989年毕业于英国利兹(Leeds)大学燃烧学专业

2001年任职于天津大学内燃机燃烧学国家重点实验室

研究方向：先进轿车柴油机和汽油机技术；内燃机新一代燃烧过程及控制；内燃机燃烧和排放控制；内燃机燃烧诊断技术研究；内燃机燃烧和流动模拟技术

E-mail: Hua.Zhao@brunel.ac.uk

赵力　教授

2001年毕业于天津大学建筑技术科学专业

2003年任职于天津大学机械工程学院热能系

研究方向：太阳能高效热利用的相关技术；新型制冷剂的循环性能；制冷热泵系统的优化、仿真及控制；新型节能技术

E-mail:jons@tju.edu.cn

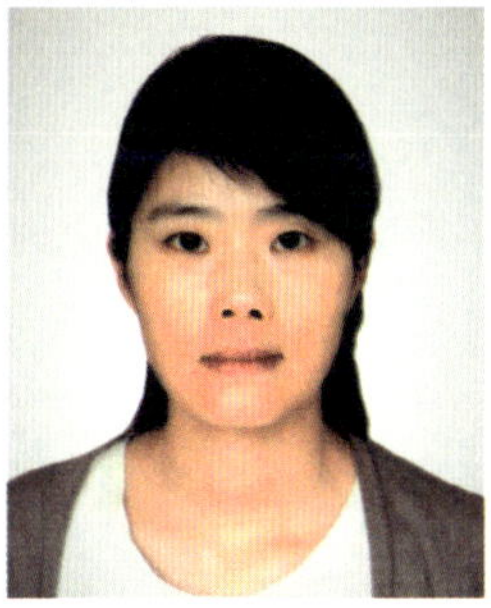

李敏霞　教授

2003年毕业于天津大学工程热物理专业

2002年任职于天津大学机械工程学院热能系

研究方向：制冷与热泵节能技术；CO_2热泵技术；膨胀机开发；朗肯循环；两相流换热；强化换热；太阳能与余热能利用；紧凑式换热器；微通道换热；新工质物性

E-mail tjmxli@tju.edu.cn

王天友　教授

2003年毕业于天津大学动力机械及工程专业

2004年任职于天津大学内燃机燃烧学国家重点实验室

研究方向：内燃机燃烧及排放控制；内燃机(净)零碳燃料替代；氢能利用与零碳动力装置；多相流传热传质

E-mail：wangtianyou@tju.edu.cn

裴毅强　研究员

2004年毕业于天津大学动力机械及工程专业

2004年任职于天津大学内燃机燃烧学国家重点实验室

研究方向：内燃机燃烧及排放控制；内燃机代用燃料的高效清洁燃烧

E-mail：peiyq@tju.edu.cn

尹燕　教授

2003年毕业于日本国立山口大学工学部环境共生工学专业

2007年任职于天津大学内燃机燃烧学国家重点实验室

研究方向：燃料电池；电解质膜；膜电极设计；传热传质；动力工程及工程热物理/材料学交叉学科

E-mail：yanyin@tju.edu.cn

王世学　教授

2002年毕业于日本横滨国立大学生产工学专业

2007年任职于天津大学内燃机燃烧学国家重点实验室

研究方向：燃料电池的水热管理和低温启动；车用锂离子电池的热管理及热失控；各种余热回收中的半导体温差发电技术应用；SOFC热电联供系统的能量管控策略；凝结换热强化

E-mail：wangshixue_64@tju.edu.cn

梁兴雨　教授

2006年毕业于天津大学动力机械及工程专业

2006年任职于天津大学内燃机燃烧学国家重点实验室

研究方向：发动机燃烧与排放控制；内燃机振动噪声控制技术及新型储能技术研究

E-mail：lxy@tju.edu.cn

田华　教授

2010年毕业于天津大学工程热物理专业

2011年任职于天津大学内燃机燃烧学国家重点实验室

研究方向：低温储能技术：氨基液流电池储热、热再生电化学循环；内燃机热管理技术：CO_2跨临界动力循环、有机朗肯循环（ORC）；新型制冰技术：CO_2跨临界直冷循环；能源系统智能控制：超临界CO_2循环动态仿真及控制、AI控制策略与技术

E-mail：thtju@tju.edu.cn

刘海峰　教授

2011年毕业于天津大学动力机械及工程专业

2011年任职于天津大学内燃机燃烧学国家重点实验室

研究方向：先进燃烧理论与燃烧新技术；生物燃料制备与燃料特性评价；激光诊断在喷雾燃烧及污染物排放中的应用；人工智能（AI）对燃烧排放的预测与控制

E-mail：haifengliu@tju.edu.cn

焦魁　教授

2011年毕业于加拿大滑铁卢大学机械工程系

2011年任职于天津大学内燃机燃烧学国家重点实验室

研究方向：能源利用中的热物理问题

E-mail：kjiao@tju.edu.cn

李博　教授

2012年毕业于瑞典隆德大学燃烧物理系燃烧物理专业

2012年任职于天津大学内燃机燃烧学国家重点实验室

研究方向：激光光谱测量；针对能源、动力和环保领域的先进激光光谱测量技术的开发及应用

E-mail：boli@tju.edu.cn

吕心力　教授

2004年毕业于University of Auckland,工学院机械工程系（热流体科学与工程专业）

2014年任职于天津大学机械工程学院能源与动力工程系

研究方向：地热能及其他可再生能源先进应用技术研究，主要包括创新型供热技术和发电技术研究；混合能源系统，包括可再生能源与常规能源的混合系统（目前特别针对太阳能—地热能耦合系统的研究及优化）；多相流理论及工程应用，主要针对瞬态气—液多相流的实验研究及数值模拟；超临界流体换热及热力循环研究，主要针对用于中低温发电有机朗肯循环（ORC）的超临界工质以及用于增强型地热发电系统（EGS）的超临界CO_2工质

E-mail：xinli.lu@tju.edu.cn

李中山　教授

2000年毕业于吉林大学

2013年兼职于天津大学机械工程学院

研究方向：先进飞秒激光光谱技术开发与应用；生物质和固体垃圾等可再生燃料能源转化及清洁利用中的在线定量激光光谱学诊断；金属粉末和氨气等氢能载体燃料能源转化及清洁利用中的在线激光光谱学诊断；非热平衡等离子体物化特性激光光谱学诊断及其应用

E-mail：zhongshan.li@forbrf.lth.se

陈锐　教授

1997年毕业于英国拉夫堡大学

2014年兼职于天津大学机械工程学院

研究方向：汽油机高效燃烧技术；氢能-质子膜电解制氢、化学储氢等；燃料电池；系统热管理

E-mail：R.Chen@lboro.ac.uk

M. Guiver　教授

1988年毕业于加拿大卡尔顿大学高分子化学专业

2014年任职于天津大学机械工程学院能源与动力工程系

研究方向：离子交换膜；气体分离膜；水处理膜；功能膜材料

E-mail：Guiver@tju.edu.cn/Michael；Guiver@outlook.com

邓帅　教授

2013年毕业于上海交通大学制冷及低温工程专业

2014年任职于天津大学机械工程学院能源与动力工程系

研究方向：热力学基础理论与应用；吸附中的热力学及工程热物理问题；中低温热能的高效转换与利用

E-mail：SDeng@tju.edu.cn

王浒　教授

2012年毕业于天津大学动力机械及工程专业

2015年任职于天津大学内燃机燃烧学国家重点实验室

研究方向：内燃机燃烧理论；内燃机多维燃烧模拟和燃烧化学反应动力学；内燃机燃烧系统开发和有害排放控制策略

E-mail：wang_hu@tju.edu.cn

宇高义郎（Yoshio UTAKA）　教授

1977年毕业于日本东京大学

2015年任职于天津大学机械工程学院能源与动力工程系

研究方向：固-液-气三相相变传热及机理；Marangoni冷凝现象及应用；沸腾现象及传热强化/冷却技术；相变浆体低温蓄热特性及技术；结霜、除霜技术；燃料电池水分管理及低温冷启动技术

E-mail：utaka@ynu.ac.jp；utaka@tju.edu.cn

周磊　研究员

2010年毕业于大连理工大学工程热物理专业

2015年任职于天津大学内燃机燃烧学国家重点实验室

研究方向：湍流燃烧、传热传质、爆轰燃烧理论，计算燃烧学（大涡模拟、DNS、化学动力学）；低碳/零碳能源动力、氨氢融合燃料；预燃室湍流射流点火（TJI）

E-mail：Lei.zhou@tju.edu.cn

潘家营　教授

2015年毕业于天津大学动力机械及工程专业

2015年任职于天津大学内燃机燃烧学国家重点实验室

研究方向：发动机湍流燃烧基础研究；发动机早燃及爆震研究；碳中性燃料燃烧与节能新技术；燃烧光学诊断与高精度数值模拟

E-mail：jypan@tju.edu.cn

车志钊　教授

2012年毕业于新加坡南洋理工大学热与流体工程专业

2016年任职于天津大学内燃机燃烧学国家重点实验室

研究方向：多相流动传热；燃料电池传输过程

E-mail：chezhizhao@tju.edu.cn

林杰威　教授

2013年毕业于天津大学动力机械及工程专业

2017年任职于天津大学内燃机燃烧学国家重点实验室

研究方向：动力装置振动噪声控制、寿命评估与智能运维

E-mail：linjiewei@tju.edu.cn

王赫阳　教授

2007年毕业于美国普林斯顿大学机械与航空工程系燃烧学专业

2018年任职于天津大学机械工程学院能源与动力工程系

研究方向：清洁燃烧能源技术开发与应用；工程应用数值模拟方法开发与应用智能燃烧算法与技术的开发与应用

E-mail：heyang.wang@tju.edu.cn

宋康　教授

2015年毕业于天津大学动力机械及工程专业

2018年任职于天津大学内燃机燃烧学国家重点实验室

研究方向：内燃机动态过程建模、预测控制与优化；车辆动力系统的建模、控制与能量管理；车辆动态过程的建模与预览控制及优化

E-mail：songkangtju@tju.edu.cn

王昆　教授

2015年毕业于美国科罗拉多矿业学院

2019年任职于天津大学内燃机燃烧学国家重点实验室

研究方向：新能源转化与高效利用；燃烧化学反应实验与建模；动力电池设计与优化；火焰合成纳米功能材料

E-mail：kwang5@tju.edu.cn；zongyuyue@tju.edu.cn

李凤臣　教授

2001年毕业于日本京都大学核能工程系

2020年任职于天津大学机械工程学院能源与动力工程系

研究方向：先进核能利用技术；核反应堆热工水力及安全分析；磁约束核聚变堆液态包层技术；沸腾换热及气液两相流；黏弹性流体动力学及湍流减阻；微流控及微尺度流动与传热；深度学习在湍流及复杂系统研究中的应用及其他学科交叉方向

E-mail：lifch@tju.edu.cn

李云强　研究员

2009年毕业于天津大学动力机械及工程专业

2021年任职于天津大学内燃机燃烧学国家重点实验室

研究方向：内燃机可靠性

E-mail：yunqiang_li@tju.edu.cn

蒋浩然 教授

2018年毕业于香港科技大学机械工程专业（能源技术方向）

2021年任职于天津大学机械工程学院能源与动力工程系

研究方向：强化传热传质；先进电化学储能技术（液流电池、金属离子电池等）；动力电池热管理；低品位热能高效利用

E-mail：jianghaoran@tju.edu.cn

刘浩业 教授

2017年毕业于清华大学汽车工程系动力工程及工程热物理专业

2021年任职于天津大学内燃机燃烧学国家重点实验室

研究方向：低碳零碳动力系统优化；多源混合动力系统能量管理；车辆污染物监测与数据融合

E-mail：liuhaoye@tju.edu.cn

林志强 教授

2001年毕业于天津大学动力机械及工程专业

2022年任职于天津大学内燃机燃烧学国家重点实验室

研究方向：应用场景化机电耦合式智能混合动力总成技术；混合动力系统控制策略及算法；新型混动化窄域内燃机燃烧理论；动力系统匹配与集成技术

E-mail：zhiqiang_lin@tju.edu.cn

辛千凡 教授

1999年毕业于美国华盛顿大学动力机械专业

2022年任职于天津大学内燃机燃烧学国家重点实验室

研究方向：发动机系统设计，发动机热力学及动力学性能，优化理论，发动机系统工程关键技术，包括柴油机、发动机制动器、航空活塞动力、转子发动机等动力机械

E-mail: 226001@tju.edu.cn

唐青龙　教授

2017年毕业于天津大学动力机械及工程专业

2022年任职于天津大学内燃机燃烧学国家重点实验室

研究方向：低碳、零碳燃料新型燃烧模式和先进燃烧理论；氨氢高效清洁利用和氨气在线重整制氢；喷雾燃烧和污染物排放激光诊断技术；超音速燃烧和新型点火与助燃技术

E-mail: qinglong_tang@tju.edu.cn

林漫群　高级工程师

2007年毕业于天津大学动力机械及工程专业

1994年任职于天津内燃机研究所

研究方向：轻型航空无人机用发动机及空中发电系统设计与性能提升；螺旋桨风洞设计与桨发匹配技术开发；无人机发动机高空台测试技术开发；固定翼与多旋翼小型无人机结构设计；小型通用汽油机排放控制及后处理技术开发

E-mail: tomlin@tju.edu.cn

张延峰　副研究员

2010年毕业于天津大学动力机械及工程专业

1996年任职于天津大学内燃机燃烧学国家重点实验室

研究方向：发动机燃烧与排放

E-mail:zhyf@tju.edu.cn

刘月辉　副教授

2004年毕业于天津大学动力机械及工程专业

2000年任职于天津内燃机研究所

研究方向：内燃机振动与噪声；内燃机设计；内燃机涡轮增压

E-mail:liuyh@tju.edu.cn

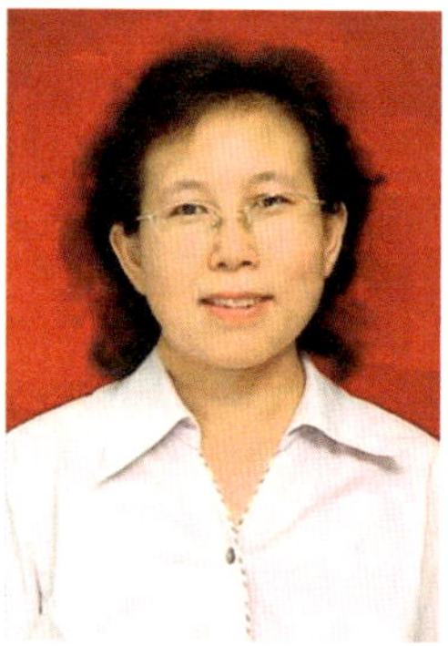

杨俊红 副教授

1998年毕业于天津大学工程热物理专业

1998年任职于天津大学热能系

研究方向：多孔介质、传热传质、生物热物理以及复杂孔隙结构传输机理与技术；植物性材料功能成分提取、干燥、膜分离、纳米流体等；生物质能开发及高效利用、智能热网构建及绿色供应链等

E-mail: yangjunhong@tju.edu.cn

白富强 高级工程师

2016年毕业于天津大学动力机械及工程专业

2001年任职于天津内燃机研究所

研究方向：动力装置工作过程控制技术；液体射流及雾化过程机理及应用；燃料电池技术工程应用

E-mail: bbfq@163.com

宋金瓯 副教授

1999年毕业于大连理工大学动力机械及工程专业

2001年任职于天津大学内燃机燃烧学国家重点实验室

研究方向：低温燃烧反应动力学；燃烧污染物生成机理；内燃机排放控制策略

E-mail:songjinou@tju.edu.cn

刘雪玲 副教授

2011年毕业于天津大学建筑环境与设备工程系

2003年任职于天津大学机械工程学院热能系

研究方向：地热利用；含水层储能；压缩空气储能；强化传热；微尺度传热

E-mail：lxling@tju.edu.cn

雷海燕　副教授

2011年毕业于天津大学供热通风及空调工程专业

2003年任职于天津大学机械工程学院热能系

研究方向：地热能开发利用；地热热储数值模拟；地源热泵技术；多孔介质传热传质；地热井下换热器技术

E-mail：leihy@tju.edu.cn

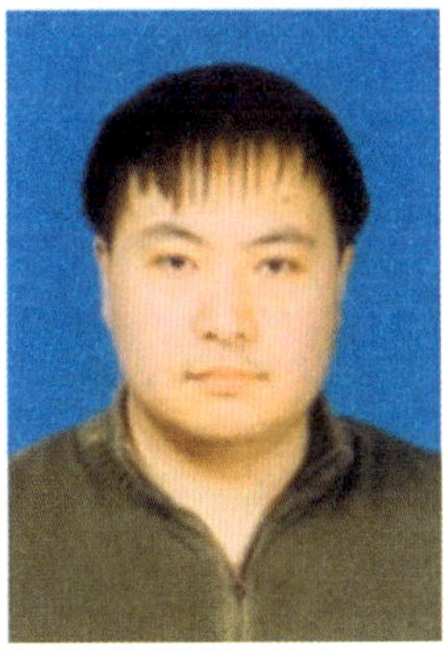

张伟　副教授

2005年毕业于天津大学建筑科学技术专业

2005年任职于天津大学机械工程学院热能系

研究方向：能源利用与制冷，新能源技术；地热供热，地源热泵，地热发电；换热器理论、传热传质机理及应用技术等

E-mail：zhang_wei@tju.edu.cn

吕刚　副教授

2003年毕业于天津大学动力机械及工程专业

2004年任职于天津大学内燃机燃烧学国家重点实验室

研究方向：内燃机污染物形成机理及燃烧控制技术；内燃机排放污染物后处理理控制技术原理及应用

E-mail：lvg@tju.edu.cn

秦静　副研究员

2006年毕业于天津大学动力机械及工程专业

2006年任职于天津内燃机研究所

研究方向：汽油机高效清洁燃烧技术；二冲程发动机高强化及其排放控制技术

E-mail: qinjing@tju.edu.cn

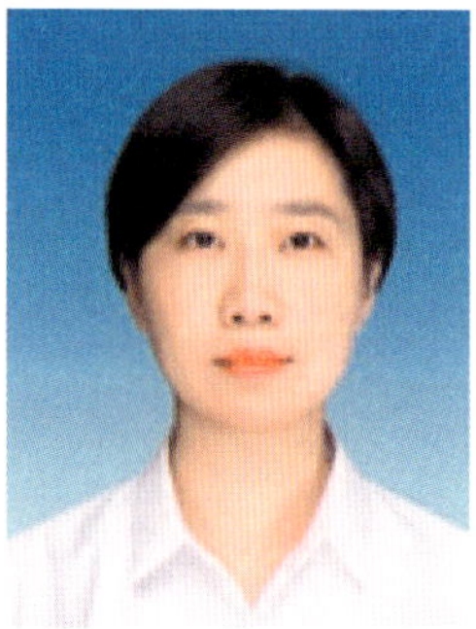

刘捷 副研究员

2006年毕业于天津大学动力机械及工程专业

2007年任职于天津内燃机研究所

研究方向：高效发动机的研发设计；发动机内部流场；清洁燃料发动机的研发设计

E-mail: lj_cc@tju.edu.cn

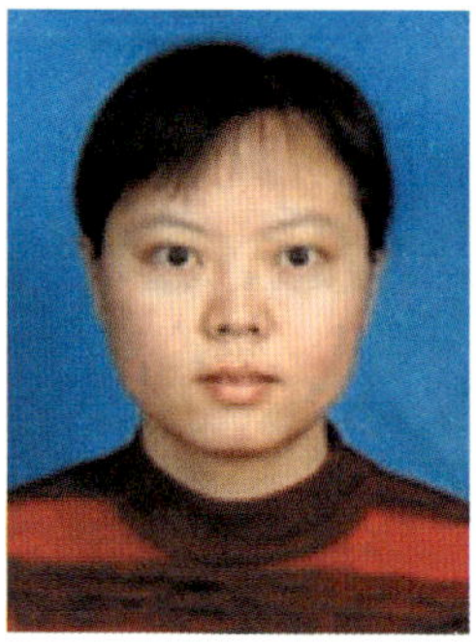

谷芳 副教授

2007年毕业于天津大学化学工程专业

2007年任职于天津内燃机研究所

研究方向：发动机设计及研究过冷沸腾传热机理；内燃机冷却系统共轭传热机理；各种汽车零部件的结构强度分析及优化设计

E-mail: gufang@tju.edu.cn

安青松 副教授

2008年毕业于天津大学热能工程系

2010年任职于天津大学机械工程学院热能系

研究方向：中低品位能源的高效利用（ORC技术和热泵技术）与节能理论拓展；新型低GWP环保制冷工质的应用研究；船舶与航天动力系统和生物生命系统中的能量管理与流动优化；分布式能源系统及能源互联网总能系统的分析与评价

E-mail：anqingsong@tju.edu.cn

李君 副教授

2009年毕业于新加坡国立大学机械工程系

2012年任职于天津大学机械工程学院能源与动力工程系

研究方向：微尺度燃烧；微动力系统；增强型地热系统；地下自燃煤火

E-mail：lijun79@tju.edu.cn

陈韬　副研究员

2010年毕业于天津大学动力工程及工程热物理专业

2011年任职于天津大学内燃机燃烧学国家重点实验室

研究方向：车辆智能与大数据分析；混合动力系统优化与控制；超高效清洁发动机技术；无人航空器智能动力系统

E-mail：tao.chen@tju.edu.cn

朱禹　副教授

2013年毕业于上海交通大学制冷及低温工程专业

2015年任职于天津大学机械工程学院能源与动力工程系

研究方向：沸腾传热强化；余热回收中的半导体温差发电技术应用；燃料电池余热利用

E-mail：zhuyu@tju.edu.cn

邬斌扬　副教授

2015年毕业于天津大学动力机械及工程专业

2015年任职于天津大学内燃机燃烧学国家重点实验室

研究方向：重型柴油机超高热效率燃烧理论与技术；低碳燃料发动机高效清洁利用；发动机瞬态过程燃烧与排放控制技术

E-mail：binyang.wu@tju.edu.cn

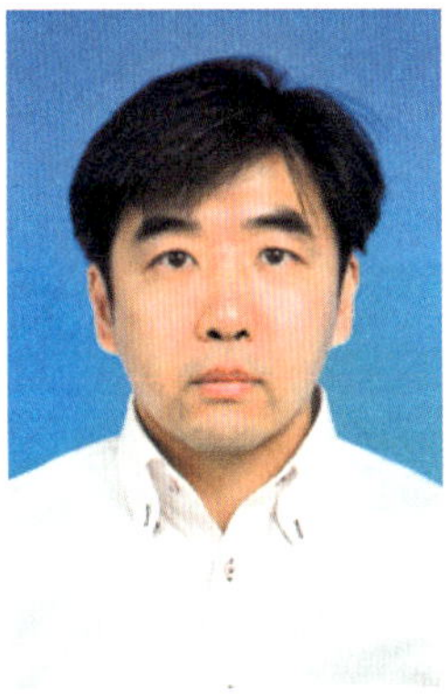

陈志豪　副教授

2011年毕业于日本横滨国立大学工学府

2015年任职于天津大学机械工程学院能源与动力工程系

研究方向：微纳米尺度相变（沸腾、冷凝）传热；沸腾临界热流密度机理及强化；基于相变传热的高性能冷却技术；Marangoni冷凝及液滴自发移动现象

E-mail：zhchen2015@tju.edu.cn

张俊锋 副教授

2014年毕业于日本国立信州大学材料科学与工程专业

2016年任职于天津大学内燃机燃烧学国家重点实验室

研究方向：燃料电池、电解水等关键材料、器件的相关研究，主要方向为膜电极设计、电化学反应、传热传质及相互耦合关系

E-mail：geosign@tju.edu.cn

张帆 副教授

2013年毕业于瑞典隆德大学能源学院流体力学系

2014年任职于天津大学内燃机燃烧学国家重点实验室

研究方向：直接数值模拟；大涡模拟；内燃机湍流燃烧；等离子体助燃

E-mail：fanzhang_lund@tju.edu.cn

秦彦周 副研究员

2014年毕业于天津大学动力机械及工程专业

2016年任职于天津大学内燃机燃烧学国家重点实验室

研究方向：燃料电池水热管理；新能源动力系统集成技术；电解水制氢技术；电化学装置液滴与气泡传输动力学

E-mail：qinyanzhou@tju.edu.cn

鲁祯 副教授

2014年毕业于天津大学动力机械及工程专业

2014年任职于天津大学内燃机燃烧学国家重点实验室

研究方向：内燃机缸内气流运动，高效清洁燃烧技术的前沿基础研究

E-mail：luzhen@tju.edu.cn

高强　副研究员

2014年毕业于哈尔滨工业大学光学专业

2016年任职于天津大学内燃机燃烧学国家重点实验室

研究方向：飞秒激光光谱技术；放电等离子体技术；吸收光谱技术

E-mail：qiang.gao@tju.edu.cn

王潜龙　副教授

2015年毕业于法国国家科学院索邦大学机械科学、声学、电子学与机器人专业

2018年任职于天津大学内燃机燃烧学国家重点实验室

研究方向：燃烧的光学（激光）诊断技术及运用；机器学习辅助的光学诊断技术及运用；储能技术与系统的研究、开发及运用

E-mail：wangqianlong@tju.edu.cn

孙凯　副研究员

2015年毕业于天津大学动力机械及工程专业

2015年任职于天津大学内燃机燃烧学国家重点实验室

研究方向：动力装置中的燃烧；多相流传热传质；新型净零碳动力

E-mail：sunkai@tju.edu.cn

刘鑫　副研究员

2015年毕业于北京化工大学材料科学与工程专业

2016年任职于天津大学机械工程学院能源与动力工程系

研究方向：燃料电池、电解水、液流电池的高效传质；清洁能源技术中高效电解质膜的研发；聚合物及其复合材料

E-mail：pdxinliu@tju.edu.cn

王轩　副教授

2019年毕业于天津大学动力机械及工程专业

2019年任职于天津大学内燃机燃烧学国家重点实验室

研究方向：热动力循环仿真及智能控制；热管理技术；分布式能源系统

E-mail：wangxuanwx@tju.edu.cn

刘智　副教授

2019年毕业于西安交通大学动力工程及工程热物理系

2019年任职于天津大学内燃机燃烧学国家重点实验室

研究方向：燃料电池电化学热物理过程研究；孔隙结构中传质传热机理研究

E-mail：liuzhi16@tju.edu.cn

赵睿恺　副研究员

2017年毕业于天津大学工程热物理专业

2020年任职于天津大学机械工程学院能源与动力工程系

研究方向：二氧化碳捕集；气体吸附分离；可再生能源利用和余能回收技术等

E-mail：ruikaizhao@tju.edu.cn

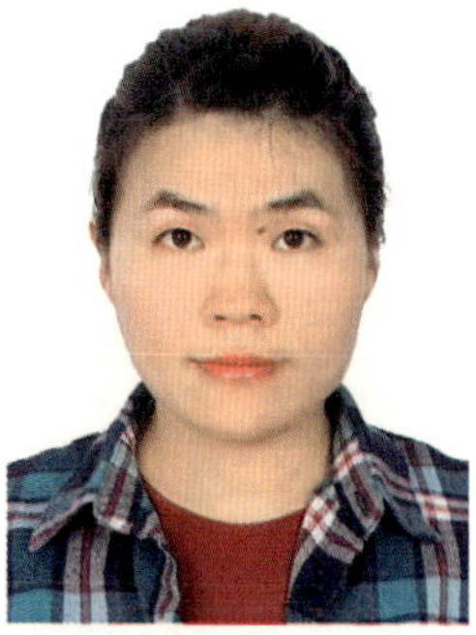

张红娜　副教授

2014年毕业于日本京都大学工学研究科核能工程专业

2020年任职于天津大学机械工程学院能源与动力工程系

研究方向：核反应堆热工水力；计算流体力学；黏弹性流体动力学；微尺度强化换热技术、微/纳流控、微/纳颗粒操控技术等

E-mail：hongna@tju.edu.cn

岳宗宇　副教授

2016年毕业于美国威斯康星大学麦迪逊分校机械工程专业

2020年任职于天津大学内燃机燃烧学国家重点实验室

研究方向：先进内燃机燃烧理论；内燃机燃油喷雾及多相流动；计算流体力学及高性能计算

E-mail：zongyuyue@tju.edu.cn

李小斌　副教授

2012年毕业于哈尔滨工业大学工程热物理专业

2020年任职于天津大学机械工程学院能源与动力工程系

研究方向：气液两相流；反应堆热工水力；非牛顿流体流动与传热；微流动芯片制造及微流控；弹性湍流及标量混合；流变学测量生物流体力学；流体机械流动不稳定性及空化；流体动力学先进测试技术

E-mail：lixiaobin@tju.edu.cn

安彦召　副教授

2016年毕业于天津大学动力机械及工程专业

2020年任职于天津大学内燃机燃烧学国家重点实验室

研究方向：混合动力专用发动机先进燃烧技术；预燃室射流点火技术工程转化应用；超强混合-超高速燃烧过程光学诊断；低碳燃料；碳烟颗粒物排放控制

E-mail：yanzhao_an@tju.edu.cn

施磊　副研究员

2020年毕业于北京航空航天大学航空宇航推进理论与工程专业

2020年任职于天津大学机械工程学院能源与动力工程系

研究方向：动力机械内非定常流动

E-mail：slei@tju.edu.cn

王伟光　副研究员

2021年毕业于天津大学动力机械及工程专业

2021年任职于天津大学机械工程学院能源与动力工程系

研究方向：热化学储能及转化；多物理场数值模拟；液流电池系统；能源利用中的多学科交叉问题

E-mail：wangweiguang@tju.edu.cn

戴胡伟　副研究员

2021年毕业于天津大学动力机械及工程专业

2021年任职于天津大学机械工程学院能源与动力工程系

研究方向：航空发动机热端部件损伤机理；航空发动机零部件损伤评估与寿命预测；航空发动机零部件热防护

E-mail：dhwmail@tju.edu.cn

张文华　副研究员

2018年毕业于中国石油大学（北京）油气储运工程专业

2022年任职于天津大学机械工程学院能源与动力工程系

研究方向：工业软件开发，复杂流体流动与换热，先进核反应堆热工水力

E-mail: 226133@tju.edu.cn

毛兴谦　副研究员

2020年毕业于北京交通大学载运工具运用工程专业

2024年任职于天津大学机械工程学院

研究方向：等离子体辅助点火与燃烧；等离子体辅助化学反应动力学；零碳/低碳燃料高效合成及利用；多尺度反应流动、爆轰数值高效模拟及应用

E-mail: xingqianm@tju.edu.cn

许伟聪　助理研究员

2021年毕业于天津大学工程热物理专业

2021年任职于天津大学机械工程学院能源与动力工程系

研究方向：多能转换基础理论；先进热力循环构建；热再生电化学循环关键材料开发

E-mail：xuweicong@tju.edu.cn

王博文　助理研究员

2021年毕业于天津大学动力机械及工程专业

2021年任职于天津大学机械工程学院能源与动力工程系

研究方向：燃料电池；水电解制氢；氨燃料利用；机器学习建模

E-mail：wangbw94@tju.edu.cn

聂显铧　助理研究员

2021年毕业于天津大学工程热物理专业

2021年任职于天津大学机械工程学院能源与动力工程系

研究方向：纳米尺度热质输运；纳米能源材料

E-mail：xhnie@tju.edu.cn

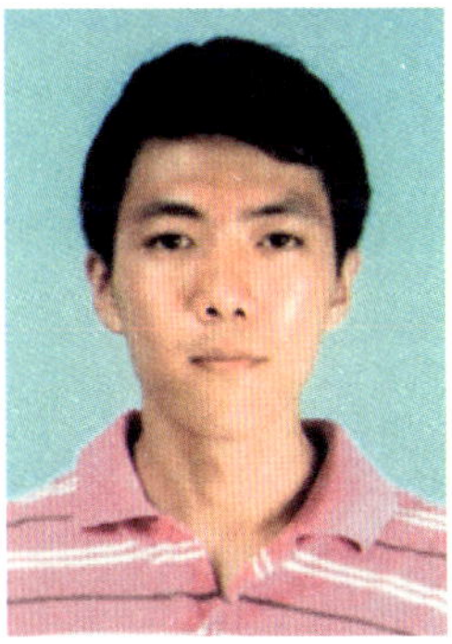

李扬　助理研究员

2021年毕业于天津大学热能工程专业

2021年任职于天津大学机械工程学院能源与动力工程系

研究方向：地热能及其能源系统高效利用，包括直膨式CO_2井下换热器及其热泵系统模型与优化研究；基于热阻热容法的地下换热器换热模型研究等

E-mail：liyangtju@tju.edu.cn

樊林浩　助理研究员

2022年毕业于天津大学动力机械及工程专业

2022年任职于天津大学机械工程学院能源与动力工程系

研究方向：燃料电池；微纳尺度热质传递；多物理场数值仿真；机器学习

E-mail：lhfan@tju.edu.cn

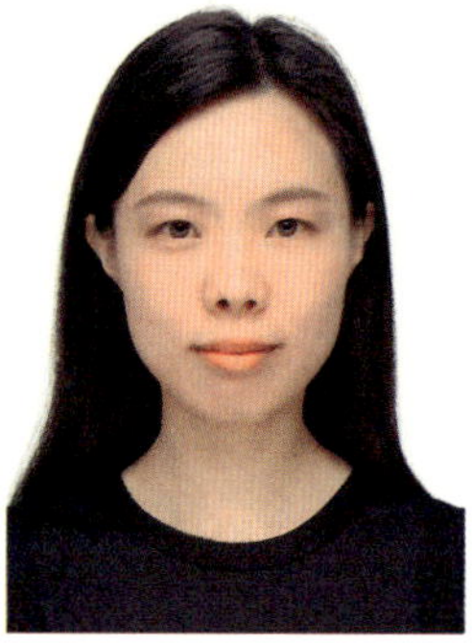

王连芹　助理研究员

2015年毕业于意大利里雅斯特大学纳米技术专业

2023年任职于天津大学机械工程学院能源与动力工程系

研究方向：燃料电池，功能膜，催化剂

E-mail: lianqin.wang@outlook.com

包志铭　助理研究员

2022年毕业于天津大学动力机械及工程专业与法国国立应用科学学院能源、热学与燃烧专业

2023年任职于天津大学机械工程学院能源与动力工程系

研究方向：燃料电池、电解池、锂电池的多尺度多物理场耦合问题与部件、器件结构设计

E-mail: zmbao@tju.edu.cn

吴思远　助理研究员

2023年毕业于美国加州大学戴维斯分校机械与航空工程专业

2023年任职于天津大学机械工程学院能源与动力工程系

研究方向：燃料电池，电解池，水热管理，新型电极流场设计

E-mail: wusiyuan_2303@tju.edu.cn

田镇宇　助理研究员

2023年毕业于中国科学院工程热物理专业

2023年任职于天津大学机械工程学院能源与动力工程系

研究方向：电解池，燃料电池，高温热化学循环制氢

E-mail: 240655314@qq.com

李世龙　助理研究员

2023年毕业于天津大学动力机械及工程专业

2023年任职于天津大学机械工程学院

研究方向：燃烧反应动力学；火焰合成纳米功能材料；第一性原理计算与分子动力学

E-mail: lishilong@tju.edu.cn

李力耕　助理研究员

2023年毕业于天津大学动力机械及工程专业

2023年任职于天津大学机械工程学院

研究方向：CO_2动力制冷储能系统；温差发电系统；低温碳捕集系统

E-mail: llg951753@tju.edu.cn

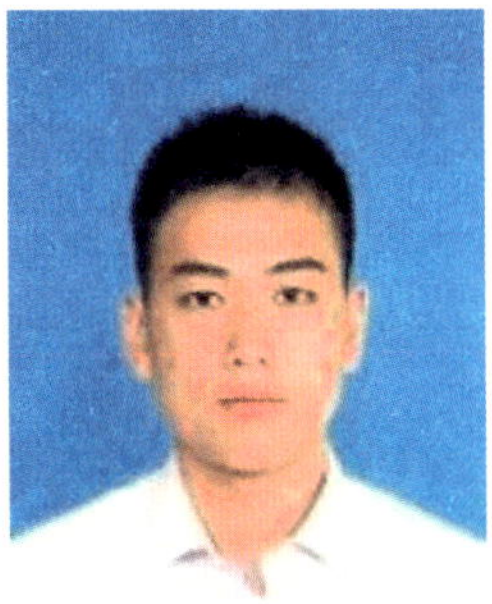

曾桢　助理研究员

2023年毕业于天津大学动力机械及工程专业

2023年任职于天津大学机械工程学院

研究方向：燃料电池；微观相变机理；受限空间结冰；能源利用中的多学科交叉问题

E-mai: zengzhen06@tju.edu.cn

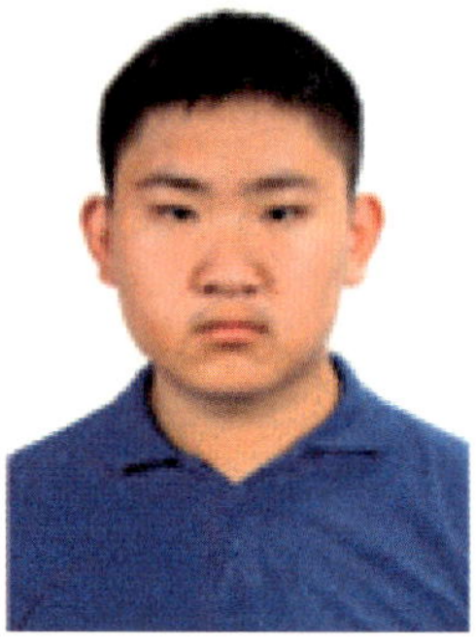

贺泳迪 助理研究员

2024年毕业于天津大学动力机械及工程专业

2024年任职于天津大学机械工程学院

研究方向：先进/高负荷发动机冷却优化技术；燃料低温引发热解、着火与氧化；复杂燃烧体系的PIMS检测

E-mail: ap_phd_yongdihe@tju.edu.cn

付振 助理研究员

2024年毕业于天津大学动力机械及工程专业

2024年就职于天津大学机械工程学院

研究方向：无碳燃料开发；氢内燃机性能及爆震形成机理研究；氨氢发动机性能开发

E-mail: 1019201078@tju.edu.cn

陈瑞华 助理研究员

2024年毕业于天津大学工程热物理专业

2024年任职于天津大学机械工程学院

研究方向：先进热力循环；电化学热回收技术；液流电池和超级电容器储能

E-mail: chenrh@tju.edu. cn

谢妍 助理研究员

2024年毕业于天津大学工程热物理专业

2024年任职于天津大学机械工程学院

研究方向：低碳燃烧技术；混氨燃烧；NO_x生成及还原特性；智慧电厂；传热

E-mail: xieyan_2024@tju.edu.cn

Taha Hussein Rajeh（塔哈） 助理研究员

2024年毕业于天津大学动力工程与工程热物理专业

2024年任职于天津大学机械工程学院

研究方向：可持续能源系统、中低品位能源高效利用、地热能利用、传热分析

E-mail: taharajeh@tju.edu.cn

朱强　高级工程师

1992年毕业于天津大学自动化系电气自动化专业

1992年任职于天津大学热能系

从事工作：热工实验技术

E-mail: zhuq6868@tju.edu.cn

李万众　工程师

1990年任职于内燃机燃烧学国家重点实验室

从事工作：内燃机实验技术

E-mail:lwzhong.tju@tju.edu.cn

王海　工程师

1993年毕业于天津大学热能工程系内燃机专业

1993年任职于内燃机燃烧学国家重点实验室

从事工作：内燃机实验技术

E-mail: kingsea@tju.edu.cn

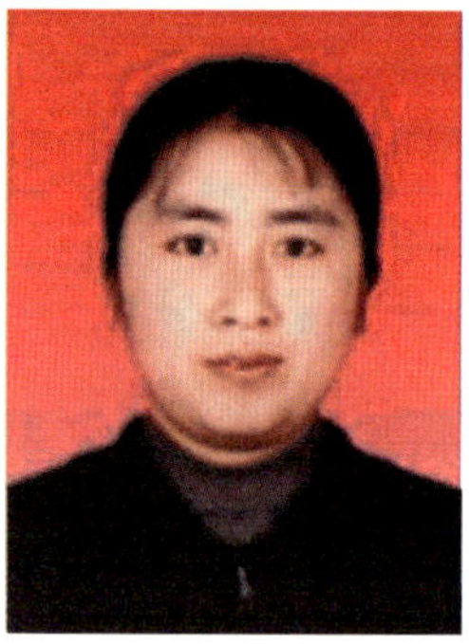

张颖

1998年毕业于天津师范大学

1999年任职于天津大学内燃机燃烧学国家重点实验室

从事工作：行政管理

E-mail: yingzh@tju.edu.cn

李平　副编审

1996年毕业于上海理工大学（机械工程）

2004年任职于天津大学内燃机燃烧学国家重点实验室《内燃机学报》编辑部

E-mail:editor@transcsice.org.cn

许之兴

2016年毕业于天津大学动力工程（内燃机）专业

2016年任职于天津大学内燃机燃烧学国家重点实验室

从事工作：内燃机实验技术

E-mail:xuzhixing@tju.edu.cn

许媛欣

2014年毕业于天津大学动力工程专业

2016年任职于天津大学机械工程学院能源与动力工程系

从事工作：热工实验技术

E-mail:yuanxin_xu@tju.edu.cn

王同金

2016年毕业于天津大学动力机械及工程专业

2010年任职于天津大学内燃机燃烧学国家重点实验室

从事工作：内燃机实验技术

E-mail: tongjin@tju.edu.cn

岳利可

2018年毕业于天津大学动力工程专业

2018年任职于天津大学内燃机燃烧学国家重点实验室

从事工作：热工实验技术

E-mail: ylk2015@tju.edu.cn

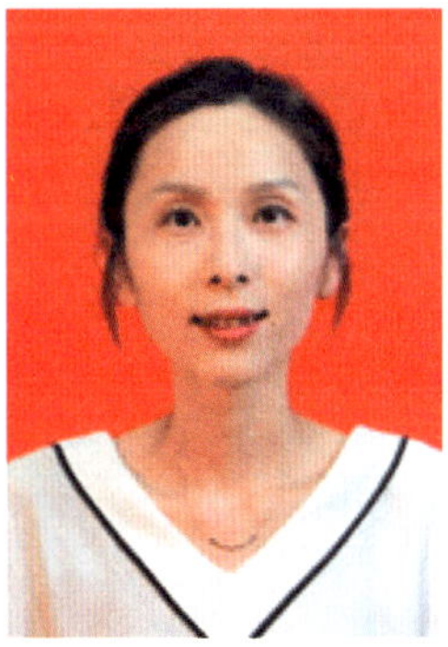

王昕

2013年毕业于南开大学

2013年任职于天津大学机械工程学院科研办公室

2022年任职于天津大学内燃机燃烧学国家重点实验室管理中心

从事工作：行政管理

E-mail:136112@tju.edu.cn

郭俊良　助理研究员

2024年毕业于西安交通大学核科学与技术专业

2024年就职于天津大学机械工程学院

研究方向：沸腾传热与汽液两相流；核反应堆热工水力与安全分析

E-mail：guojl@tju.edu.cn

主讲课程

学届	课程	任课教师	性质
1953—1955	内燃机原理	潘承孝、王绍祖	必修课
	内燃机构造与计算	史绍熙	必修课
	内燃机制造工艺学	刘友钧	必修课
	汽车和拖拉机发动机的电气设备	冯中	必修课
	汽车拖拉机	万欣	必修课
	汽车拖拉机发动机维护与修理	热工教研室教师	必修课
1956—1957	内燃机原理	王绍祖	必修课
	汽车拖拉机发动机	史绍熙	必修课
	内燃机制造工艺学	刘友钧	必修课
	汽车和拖拉机发动机的电气设备	冯中	必修课
	汽车构造学	万欣	必修课
	汽车燃料与润滑油	周君正	必修课
	内燃机原理	潘成孝	必修课
	内燃机构造与计算	冯中	必修课
	内燃机制造工艺	曾庆福	必修课
	燃气轮机	姚彪寰	必修课
	压气机与鼓风机	李厚生	必修课
	燃料与润滑油	周君正	必修课
	汽车拖拉机	武善谋	必修课
	内燃机安装与保修	万世雄	必修课
	内燃机电气设备	魏励勇	必修课
1958	内燃机原理	刘友钧	必修课
	内燃机构造与计算	冯中	必修课
	内燃机制造工艺	曾庆福	必修课
	空气动力学	史绍熙	必修课
	燃气轮机	姚彪寰	必修课
	压气机	李厚生	必修课
	燃料与润滑油	周君正	必修课
	汽车拖拉机	魏励勇	必修课
	煤气机	张锡久	必修课
	船舶动力装置与附属设备	饶寿人	必修课
1960	内燃机原理	刘友钧、魏励勇、万世雄	必修课
	内燃机构造与计算	万欣	必修课
	内燃机制造工艺	曾庆福	必修课
	内燃机动力学	林大渊	必修课
	内燃机流体力学	舒玮	必修课
	燃气轮机与内燃机增压	姚彪寰	必修课
	汽车理论	武善谋	必修课
	内燃机动力装置	饶寿人	必修课
	特种内燃机	史绍熙	必修课

续表

学届	课程	任课教师	性质
1961—1965	内燃机原理	刘友钧	必修课
	内燃机构造与设计	万欣	必修课
	内燃机制造工艺	曾庆福	必修课
	内燃机动力学	林大渊	必修课
	内燃机实验学	黄宜谅	必修课
	内燃机增压	姚彪寰	必修课
	内燃机电气设备	魏励勇	必修课
	燃气轮机	余国宁	必修课
	特种发动机	李厚生	必修课
1966	内燃机原理	刘友钧	必修课
	内燃机构造	秦文鑫	必修课
	内燃机制造工艺	黄宜谅	必修课
	内燃机设计	万欣	必修课
	内燃机动力学	林大渊	必修课
	内燃机动力装置	万世雄	必修课
	内燃机增压	姚彪寰	必修课
	压气机与叶片机械	姚彪寰	必修课
1977—1980	内燃机原理	王世卿	必修课
	内燃机设计	万欣	必修课
	内燃机构造	王莉、袁汉三	必修课
	内燃机测试	钱起云	必修课
	内燃机制造工艺	李厚生、高连升	必修课
	内燃机燃烧	刘友钧、赵奎翰	必修课
	内燃机增压	王懿铭	必修课
	内燃机课程设计	周启德	必修课
1977—1980	工程流体力学	龚允怡	必修课
	有限元	何万祥	必修课
1981—1989	工程热力学	张启、蔡义汉、刘嘉智	必修课
	传热学	章熙民、蔡义汉、方承超	必修课
	燃烧学	齐锡龄	必修课
	制冷原理与设备	马一太	必修课
	换热器原理	王中铮	必修课
	锅炉原理	涂颉、齐锡龄	必修课
	测试技术	褚治德、潘鹤松	必修课
	内燃机原理	万世雄、王世卿、李志雄、李志军	必修课
	内燃机设计	程熙、周启德、刘桂莲	必修课
	内燃机构造	袁汉三、王莉	必修课
	内燃机测试	钱起云、王亚伟	必修课
	内燃机制造工艺	高连升、李厚生、刘宁	必修课
	微机原理	钱起云、谭从民	必修课
	内燃机计算有限元法	何万祥、舒歌群	必修课
	内燃机课程设计	周启德	必修课

续表

学届	课程	任课教师	性质
1981—1989	燃气涡轮机原理	王懿铭	必修课
	内燃机燃烧	龚允怡、金顺爱	选修课
	内燃机振动	郝志勇、薛远	选修课
	汽车拖拉机	尚秀镜	选修课
	内燃机专业英语概论	刘书亮、王亚伟	选修课
1990—2000	工程热力学	刘嘉智、赵军	必修课
	传热学	赵镇南	必修课
	燃烧学	刘嘉智	必修课
	制冷原理与设备	马一太、杨昭	必修课
	换热器原理	王中铮、李新国	必修课
	锅炉原理	赵军	必修课
	测试技术	郑宗和	必修课
	内燃机原理	万世雄、王世卿、李志雄、李志军	必修课
	内燃机构造	王莉、高文志	必修课
	内燃机设计	周启德、程熙、刘桂莲	必修课
	内燃机测试	钱起云、王亚伟	必修课
1990—2000	内燃机工艺	高连升、李厚生、刘宁	必修课
	涡轮机原理	王懿铭、林建生	选修课
	内燃机工作过程计算	王世卿	选修课
	内燃机振动	郝志勇、张俊红	选修课
	内燃机燃烧学	金顺爱	选修课
	汽车拖拉机	尚秀镜	选修课
	内燃机专业英语概论	李志军	选修课
2001—2010	工程热力学	王怀信、汪健生	必修课
	传热学	赵镇南、汪健生、李汛	必修课
	燃烧学	李敏霞、刘雪玲	必修课
	制冷原理与设备	杨昭	必修课
	换热器原理	李新国	必修课
	锅炉原理	赵军	必修课
	测试技术	郑宗和	必修课
	内燃机原理	林建生、李志军	必修课
	内燃机设计与优化	舒歌群、刘月辉	必修课
	燃烧原理与装置	林建生、李志军	必修课
	动力装置设计与优化	舒歌群、刘月辉	必修课
	热能与动力机械制造工艺学	赵昌普	必修课
	测试技术	谭从民、卫海桥	必修课
	内燃机电控技术	刘昌文	选修课
	动力机械振动与噪声	高文志、张俊红	选修课
	燃气轮机械原理	林建生、张延峰	选修课
	有限元法	刘月辉	选修课
	学科系列讲座	李志军	选修课
	专业英语文献阅读	高文志、刘月辉	选修课

续表

学届	课程	任课教师	性质
2001—2010	内燃机专业英语概论	李志军、何邦全、杜青	选修课
	科技信息检索与实习	林建生	选修课
	能源与环境	李志军	选修课
2011—2022	内燃机原理	林建生、李志军、刘海峰、尧命发、郑尊清	必修课
	控制理论基础	孙政、宋康	必修课
	锅炉原理	赵军、王赫阳	必修课
	燃烧学	刘雪玲、李君、汪健生、邓帅	必修课
2011—2022	内燃机设计与优化	舒歌群、刘月辉	必修课
	测试技术	卫海桥、张伟、谭从民、李博、高强	必修课
	热能与动力机械制造工艺学	赵昌普、邬斌扬	必修课
	工程热力学	李新国、汪健生、王迅、安青松、王世学、邓帅、田华、王怀信、朱禹	必修课
	工程传热传质学	汪健生、刘雪玲	必修课
	工程传热学	王迅、雷海燕、李敏霞、刘雪玲、陈志豪、车志钊、马非	必修课
	热能与动力机械基础	高文志、杨俊红、陈韬	必修课
	热交换原理与技术	李新国	必修课
	工程传热传质学	汪健生、雷海燕、刘雪玲	必修课
	制冷与热泵技术	杨昭、安青松、石玉琦	必修课
	动力装置设计与优化	赵力、石玉琦	必修课
	传热学	刘雪玲、王迅、汪健生、陈志豪	必修课
	燃烧理论	李君、王潜龙、张帆、潘家营	必修课
	能源管理与规范	戴传山、雷海燕、张伟、赵力	选修课
	热能与动力工程概论	李惟毅、汪健生、吕心力	选修课
	专业英语文献阅读	何邦全	选修课
	热力发电厂	李惟毅、汪健生、邓帅、张俊锋	选修课
	能源与环境	李志军、田华、雷海燕、吕心力、张伟	选修课
	内燃机电控技术	刘昌文、宋康	选修课
	热能动力与科技进步	戴传山	选修课
	微型计算机原理与应用	谭从民	选修课
	热能与动力工程概论（英）	王怀信、杨俊红、王浒、陈志豪	选修课
	有限单元法	刘月辉	选修课
	供热工程	孙政	选修课
	内燃机概论	高文志、梁兴雨	选修课
	燃气叶轮机械原理	焦魁、邬斌扬、王昆	选修课
	发动机工作过程模拟及数学模型	周磊	选修课
	燃料电池科学与技术	焦魁、刘智	选修课
	内燃机燃烧激光诊断	李博	选修课
	动力机械振动与噪声	张俊红、林杰威	选修课
2023—2024	内燃机概论	梁兴雨	选修课
	有限单元法	刘月辉	选修课
	动力机械振动与噪声	林杰威、张俊红	选修课

续表

学届	课程	任课教师	性质
2023—2024	能源管理与规范	雷海燕、戴传山、吕心力	选修课
	燃料电池科学与技术	焦魁、王博文	选修课
	内燃机燃烧激光诊断	李博、高强	选修课
	内燃动力系统智能控制	宋康	选修课
	热力发电厂及碳捕集	邓帅、张俊锋	选修课
	低碳/零碳燃烧概论	周磊	选修课
	混合动力系统构型及原理	林志强	选修课
	控制理论基础	宋康	必修课
	热能与动力机械基础	杨俊红	必修课
	汽车发动机构造	高文志、陈韬	必修课
	传热学	汪健生、李凤臣、陈志豪	必修课
	工程热力学2	安青松、汪健生、蒋浩然、朱禹	必修课
	燃烧理论	李君、张帆、王潜龙、潘家营	必修课
	内燃机设计与优化课程设计	高文志、刘月辉	必修课
	供热工程课程设计	朱强	必修课
	热交换原理与技术课程设计	李新国	必修课
	锅炉原理课程设计	王赫阳	必修课
	制冷与热泵技术课程设计	安青松	必修课
	测试技术	李博、张伟、高强	必修课
	能源与环境	田华、王轩	必修课
	锅炉原理	王赫阳	必修课
	动力装置设计与优化	赵睿恺	必修课
	热交换原理与技术	陈志豪、李新国	必修课
	内燃机原理	尧命发、郑尊清、刘海峰、邬斌扬	必修课
	内燃机设计与优化	刘月辉	必修课
	热能与动力机械制造工艺学	梁兴雨、戴胡伟	必修课
	热能动力与科技进步	戴传山	选修课
	工程传热传质学	刘雪玲	必修课
	制冷与热泵技术	杨昭、安青松	必修课
	储能物理基础A	林杰威	必修课
	工程传热学	陈志豪、李敏霞、雷海燕、刘雪玲、车志钊、李凤臣、李小斌、马非	必修课

出版教材

《传热学》（第1版），章熙民等编著，中国建筑工业出版社，1980。

《内燃机制造工艺学》（机电类规划教材），李厚生主编，中国农业机械出版社，1981。

《柴油机设计手册》，史绍熙任编委会主任委员，中国农业机械出版社，1984。

《内燃机燃烧学基础》（机电类规划教材），龚允怡主编，机械工业出版社，1984。

《传热学》（第2版），章熙民等编著，中国建筑工业出版社，1985。

《内燃机原理与柴油机设计》，（日本）长尾不二夫著，冯中、万欣等译校，机械工业出版社，1984。

《燃气叶轮机械》，万欣主编，机械工业出版社，1987。

《热交换器原理与设计》（第1版），史美中、王中铮编，东南大学出版社，1989。

《内燃机设计》（专业教材），万欣、林大渊主编，天津大学出版社，1989。本书获 1991 年天津大学优秀教材一等奖，1992 年机电部优秀教材二等奖。

《海洋采油机器》，参编，中国医药科技出版社，1991。本书获 1992 年天津大学优秀教材奖，1992 年机电部优秀教材奖。

《传热学》（第3版），章熙民等编著，中国建筑工业出版社，1993。

《英汉内燃机技术词典》，参编，北京科学技术出版社，1996。

《热交换器原理与设计》（第2版），史美中、王中铮编，东南大学出版社，1996。

《机械工程手册：11 分册，内燃机篇》（第二版），参编，机械工业出版社，1997。

《汽车排气净化与噪声控制》，秦文鑫、程熙、叶霭云编，人民交通出版社，1999。

《热能与动力机械制造工艺学》（机电类规划教材），程熙主编，机械工业出版社，2000。

《热能与动力机械基础》，王中铮主编，机械工业出版社，2000。

《传热学》（第4版），章熙民等编著，中国建筑工业出版社，2001。

《传热学》，赵镇南著，高等教育出版社，2002。

《燃气轮机与涡轮增压内燃机原理与应用》，林建生、谭旭光主编，天津大学出版社，2005。

《地热能开发与应用技术》，朱家玲等编著，化学工业出版社，2006。

《汽车发动机构造》，张俊红、张纪元、高文志等编，天津大学出版社，2006。

《地源热泵技术与建筑节能应用》，赵军、戴传山主编，中国建筑工业出版社，2007。

《传热学》（第5版），章熙民等编著，中国建筑工业出版社，2007。

《注册公用设备工程师执业资格考试基础考试模拟题解》，王中铮主编，天津大学出版社，2007。

《传热学》（第2版），赵镇南著，高等教育出版社，2008。

《热能与动力机械基础》（第2版），王中铮主编，机械工业出版社，2008。

《动力机械振动与噪声》，舒歌群、高文志、刘月辉编著，天津大学出版社，2008。

《热交换器原理与设计》（第4版），史美中、王中铮编，东南大学出版社，2009。

《内燃机制造工艺学》，张俊红、赵昌普等编，天津大学出版社，2009。

《内燃机课程设计》，高文志、李明海、袁文华编，中国水利水电出版社，2010。

《内燃机先进技术与原理》，姚春德编著，天津大学出版社，2010。

《注册公用设备工程师执业资格考试专业基础考试复习教程》，王中铮主编，天津大学出版社，2010。

《既有建筑供能系统节能分析与优化技术》，赵军、马洪亭等主编，中国建筑工业出版社，2011。

《制冷与热泵产品的能效标准研究和循环热力学完善度的分析》，马一太等著，科学出版社，2012。

《能源环境技术》，杨昭、杨勇平、张旭主编，机械工业出版社，2012。

《传热学》（第6版），章熙民、朱彤、安青松等编著，中国建筑工业出版社，2014。

《热交换器原理与设计》（第5版），史美中、王中铮，东南大学出版社，2014。

《内燃机中的流体运动》，宋金瓯、吕刚、宋崇林，天津大学出版社，2015。

《热能与动力机械基础》（第3版），王中铮，机械工业出版社，2016。

《自然工质二氧化碳制冷与热泵循环原理的研究与进展》，马一太，科学出版社，2017。

《燃烧学》，汪健生、李君、刘雪玲编，北京理工大学出版社，2017。

《英飞凌多核单片机应用技术：AURIXTM三天入门篇》，谢辉、徐辉编，天津大学出版社，2017。

《二冲程发动机设计与模拟》，戈登·珀维斯·布莱尔著，贾滨、秦静、李树花等译，天津大学出版社，2018。

《热交换器原理与设计》（第6版），史美中、王中铮，东南大学出版社，2018。

《内燃机排放控制原理》，何邦全编著，科学出版社，2018。

《传热学》（第3版），赵镇南著，高等教育出版社，2019。

《质子交换膜燃料电池水热管理》，焦魁、杜青，科学出版社，2020。

《传热学》（第7版），朱彤、安青松、刘晓华、章熙民编著，中国建筑工业出版社，2020。

《制冷与热泵技术》，杨昭、马一太，中国电力出版社，2020。

《非共沸有机工质》，赵力、邓帅著，科学出版社，2020。

《传热学》（第7版），朱彤、安青松、刘晓华等编著，中国建筑工业出版社，2020。

《多物理场传热传质基础与建模实例》，焦魁、张国宾、杜青、樊林浩、焦道宽等著，天津大学出版社，2022。

《内燃机工程基础》，普拉克贝克著，梁兴雨等译，天津大学出版社，2022。

《内燃机设计与优化》，舒歌群、吴坚、高文志等编，天津大学出版社，2022。

《动力机械振动与噪声》（第2版），林杰威、张俊红、高文志、刘月辉、戴胡伟编著，天津大学出版社，2023。

《论学术素养》，辛千凡著，上海科学技术出版社，2024。

《大学生节能减排竞赛经典案例》，赵军、郑爱东、郭春生、许媛欣、康利改、李扬编著，中国电力出版社，2024。

《储能原理与技术》，刘海峰、王潜龙、陈亚楠主编，科学出版社，2024。

《人工智能应用导论》，焦魁、刘智、汪洋等编著，高等教育出版社，2024。

1986年以来国家级科研项目

项目（课题）名称	项目类别	项目负责人	起止时间
陶瓷涂层隔热的6135无水冷机的研制	国家攻关	赵奎翰	1986—1990
6135陶瓷绝热复合原理样机	国家攻关	赵奎翰	1986—1990
汽油机高压缩比稀薄混合气燃烧过程的研究	国家自然科学基金重大项目	刘书亮	1986—1991
柴油机燃用纯甲醇的研究	国家自然科学基金	傅茂林	1987—1989
柴油机燃烧过程的数学模型的研究	国家自然科学基金	赵奎翰	1987—1990
高温高压瞬态喷雾过程的研究	国家自然科学基金	龚允怡	1987—1990
工程热物理若干关键问题的研究	国家自然科学基金重大项目	史绍熙	1987—1991
柴油机高压喷射燃烧过程的研究	国家自然科学基金重大项目	史绍熙	1987—1991
柴油机微粒排放物生成机理及控制技术的研究	国家自然科学基金	许斯都	1989—1991
应用散斑技术研究瞬态气液两相射流	国家自然科学基金	杨延相	1989—1991
摩擦和撞击火花引燃特性的研究	国家自然科学基金	龚允怡	1989—1991
内燃机燃烧过程光纤维传像高速摄影方法的研究	国家自然科学基金	李志雄	1990—1992
用分子束及表面能谱研究燃烧室表面催化燃烧机理及优化	国家自然科学基金	文世骐	1990—1992
单脉冲激光诱导荧光法测量OH基浓度和温度	国家自然科学基金	王仕康	1990—1992
柴油机喷雾射流结构和蒸发过程的研究	国家攻关	龚允怡	1991—1993
内燃机缸内气体流动多维数值模拟的研究	国家攻关	史绍熙	1991—1993
汽油机燃烧沉淀物的研究	国家攻关	朱立勇	1991—1993
内燃机缸内气体流动多维数学模拟	国家自然科学基金	刘书亮	1991—1993
陶瓷无水冷隔发动机燃烧过程及多种燃料燃烧的研究	国家攻关	王懿铭	1991—1995
直喷式柴油机后燃期湍流混合率与湍流结构的相关研究	国家自然科学基金	苏万华	1992—1994
柴油机燃油柴油-甲醇-水三元混合燃料的燃烧影响的研究	国家自然科学基金	傅茂林	1992—1994
汽油机中紊流尺度及能谱密度对燃烧影响的研究	国家自然科学基金	刘书亮	1992—1994
柴油机燃烧室内微粒形成过程的研究	国家自然科学基金	赵奎翰	1992—1994
直喷式柴油机燃烧室内进壁混合器浓度分布及紊流过程的研究	攀登计划	史绍熙、苏万华	1992—1997
内燃机燃烧有害物的生成机理及其控制的研究	攀登计划	赵奎翰、许斯都	1992—1997
汽油机爆震燃烧和控制方法的研究	攀登计划	傅茂林	1992—1997
汽油机缸内横轴三维涡流运动的数值模拟实验及对燃烧影响的研究	攀登计划	刘书亮	1992—1997
液体燃料雾化机理研究	攀登计划	史绍熙	1992—1997
煤和石油高效率低污染燃烧过程的基础研究	攀登计划	史绍熙	1992—1997
超级风冷二冲程油评定技术与装备的研制	国家“八五”重点科技攻关	解世文	1992—1997
优秀水冷二冲程油评定技术与装备的研制	国家“八五”重点科技攻关	解世文	1992—1997
柴油机排气与空气混合冷却影响微粒质量浓度的理论研究	国家自然科学基金	许斯都	1993—1995
椭圆喷雾的实验研究	国家自然科学基金	郗大光	1993—1995
高速四气门发动机缸内流动及其对燃烧过程影响的研究	国家自然科学基金	史绍熙	1994—1996

续表

项目（课题）名称	项目类别	项目负责人	起止时间
天然气发动机燃烧工程及稀混合燃烧技术的基础研究	国家自然科学基金	赵奎翰	1994—1996
汽油机爆震强度评定指标的研究	国家自然科学基金	傅茂林	1994—1996
内燃机缸内近壁气流速度及温度分布特性的研究	国家自然科学基金	朱立勇	1995—1997
进气门出口三维流场对缸内滚流和燃烧时紊流影响的研究	国家自然科学基金	刘瑞林	1995—1997
火花和热表面引发火灾危险性的比较研究	国家自然科学基金	龚允怡	1995—1997
内燃机排气中氮氧化物的催化反应机理及控制	国家自然科学基金	宋崇林	1996—1998
扭转弹性波在多阶段轴中的传播及其主动控制	国家自然科学基金	郝志勇	1996—1998
燃油束碰撞雾化机理研究	国家自然科学基金	姚春德	1996—1998
车用柴油机电液控制共轨式单体喷油器燃油系统的开发研究	“九五”攻关	苏万华	1996—2000
四气门火花点火发动机缸内滚流和涡流运动及稀燃的研究	国家自然科学基金	刘书亮	1997—1999
挠性轴系中弹性波的耦合效应及主动控制	国家自然科学基金	舒歌群	1998—2000
高速四气门直喷柴油机缸内三维流动及可变涡流的研究	国家自然科学基金	李玉峰	1998—2000
内燃机排气成分动态测试方法的研究	国家自然科学基金	张惠明	1998—2000
柴油机多环芳香烃生成规律、生物毒性及控制技术的研究	国家自然科学基金	段家修	1998—2000
广义系统理论的稳定因式法研究与非光滑分析	国家自然科学基金	高志伟	1999—2001
大型公交车柴油/天然气双燃料发动机的开发	科技部清洁汽车攻关	苏万华	2000—2001
提高CNG、LPG发动机气门座耐磨性的研究	科技部清洁汽车攻关	傅茂林	2000—2001
夏利TJ7100电控喷射	科技部清洁汽车攻关	傅茂林	2000—2001
天然气非甲烷碳氢化合物测量技术的研究	科技部清洁汽车攻关	宋崇林	2000—2001
大型公交车单一燃料CNG电控发动机开发与研究	科技部清洁汽车攻关	张惠明	2000—2001
受激液体燃料射流破碎机理及其控制方法的研究	国家自然科学基金	杜 青	2000—2002
基于虚拟传感系统的内燃机智能多变量自适应控制的研究	国家自然科学基金	谢 辉	2000—2002
高效低污染新型火花点火发动机双射流燃烧系统的研究	国家自然科学基金	尚秀镜	2000—2002
柴油机燃用二甲醚应用的基础研究	国家自然科学基金	许斯都	2000—2002
车用内燃机新概念燃烧过程研究	国家自然科学基金 重点基金	苏万华	2000—2003
废气分层法实现汽油机超低氮氧化物排放的机理研究	国家自然科学基金	姚春德	2000—2003
双燃料天然气发动机燃烧过程及排放控制机理的研究	国家自然科学基金	汪 洋	2001—2003
无铅汽油增氧机的环境安全性及其应用基础研究	国家自然科学基金	宋崇林	2001—2003
多维数字相关频率跟踪型激光测速系统及其空间扫描方法	国家自然科学基金	刘昌文	2001—2003
湍流相干结构被动控制技术用于强化传热与流动减阻的研究	国家自然科学基金	李惟毅	2001—2003
新型混合式海水温差能利用系统的研究	国家863计划	王 迅	2001—2003
地热中高温热泵节能示范系统	国家863计划	朱家玲	2001—2004
M85点燃式甲醇燃料轻型汽车的研究开发	国家攻关	汪 洋	2002—2003
内燃机可控自燃（CAI）燃烧过程的研究	国家自然科学基金	赵 华	2002—2004
压燃式发动机预混合稀薄燃烧机理及燃烧过程控制的研究	国家自然科学基金	尧命发	2002—2004
热机结构动力学系统对热力学系统的耦合作用和性能影响	国家自然科学基金	郝志勇	2002—2004
瞬态工况对内燃机燃烧影响机理的研究	国家自然科学基金	舒歌群	2002—2004
X1纯电动轿车动力总成控制系统	国家863计划	谢 辉	2002—2005
摩托车催化净化关键技术及产业化——催化器性能评价技术	国家863计划	林漫群	2002—2005

续表

项目（课题）名称	项目类别	项目负责人	起止时间
高辛烷值燃料均质压燃可控着火燃烧过程的基础研究	国家973计划	赵 华	2002—2007
强化高压脉动燃料射流湍流混合速率及均质低温火焰燃烧过程	国家973计划	苏万华	2002—2007
稀薄均质混合气压燃着火和燃烧反应速度的基础研究	国家973计划	尧命发	2002—2007
燃烧源可吸入颗粒物前体物的形成与向二次颗粒物的转化	国家973计划	宋崇林	2002—2007
电控单燃烧大型公交车用LPG发动机的研究开发与产业化	国家863计划	宋崇林	2002—2007
均质压燃燃烧过程中燃料化学控制的新技术新途径的基础研究	国家973计划	汪 洋	2002—2007
低排放柴油轿车的研究	国家攻关	姚春德	2003—2004
低散热、压燃式天然气发动机燃烧过程	国家自然科学基金	张惠明	2003—2005
吸附还原净化准均质稀燃汽油机氮氧化物机理及应用研究	国家自然科学基金	李志军	2003—2005
低散热、压燃式天然气发动机燃烧过程	国家自然科学基金	张惠明	2003—2005
多组分微胶囊相变悬浮液作为储热与传热介质的性能研究	国家自然科学基金	赵镇南	2003—2005
摩托车、通用小汽油机和非道路工程机械用发动机排放及噪声标准法规研究	国家攻关	林漫群	2003—2005
清洁汽车关键技术研究开发及示范应用	国家攻关	宋崇林	2003—2005
高性能高压共轨式电控柴油机开发	国家863计划	宋崇林	2003—2006
醇类汽车非常规排放物的检测和评价技术研究	国家攻关	宋崇林	2003—2006
甲醇高效低污染燃烧过程基础理论研究	国家自然科学基金	尧命发	2004—2006
生物基汽油添加剂的作用机理研究	国家自然科学基金	姚春德	2004—2006
天然气正逆循环供热空调系统变容量调节动态特性	国家自然科学基金	杨 昭	2004—2006
选择还原降低汽油机准质稀薄燃烧排放物的研究	国家自然科学基金	刘德新	2004—2006
超临界CO_2降压、闪蒸过程膨胀机理与能量输出特性研究	国家自然科学基金	马一太	2005—2005
电控单燃料大型公交车CNG发动机的研究开发与产业化	国家攻关	张惠明	2005—2006
压燃醇类/柴油混合燃烧发动机醛类排气污染物生成研究	国家自然科学基金	宋崇林	2005—2006
车用新型复合燃烧模式汽油机闭环反馈控制方法的基础研究	国家自然科学基金	谢 辉	2005—2007
单一燃料LPG公交车示范工程	国家攻关	宋崇林	2005—2007
多支撑弹性转子系统弯扭耦合振动及控制模拟研究	国家自然科学基金	张俊红	2005—2007
内燃机燃烧室中热—声耦合机理及其对燃烧过程的影响研究	国家自然科学基金	舒歌群	2005—2007
内燃机新型热力循环—可变压缩比低温非对称滞胀循环研究	国家自然科学基金	林建生	2005—2007
代用燃烧汽车区域化示范运行考核与应用	国家攻关	赵昌普	2005—2007
含相变微粒流体内空间自然对流及其动态特性研究	国家自然科学基金	汪健生	2005—2007
新型中高温热泵工质的热力学性质与循环性能研究	国家自然科学基金	王怀信	2005—2007
单一燃料LPG公交车示范工程（广州）	国家攻关	赵昌普	2006—2007
柴油均质充量压燃中微粒形成机理、演化历程及理化特性的研究	国家自然科学基金	裴毅强	2006—2008
LPG轿车整车产品开发	国家863计划	裴毅强	2006—2008
中型载货汽车专用CNG发动机产品研发	国家攻关	裴毅强	2006—2008
柴油机排气中氮氧化物选择性催化还原反应的基础研究	国家自然科学基金	吕 刚	2006—2008
汽油机多环芳香烃生成机理及环境安全性评价模型的研究	国家自然科学基金	张延峰	2006—2008
碳氢化合物及汽油添加剂的燃烧反应动力学	国家自然科学基金	姚春德	2006—2008
无或超低甲醛排放的甲醇压燃方式研究	国家自然科学基金	姚春德	2006—2008
无节气门控制汽油机燃油雾化和混合及燃烧过程的基础研究	国家自然科学基金	王天友	2006—2008
电控喷射单一燃料CNG汽车产品开发	国家863计划	王天友	2006—2008
含润滑油超临界二氧化碳液体膨胀机理研究	国家自然科学基金	李敏霞	2006—2008

续表

项目（课题）名称	项目类别	项目负责人	起止时间
经济型轿车高性能汽油机技术开发	国家863计划	刘德新	2006—2009
CNG发动机的燃烧与排放规律及发动机与催化转化器的匹配	国家863计划	何邦全	2006—2010
重型商用柴油机开发 （YC6K发动机超低排放柴油机燃烧系统开发）	国家863计划	尧命发	2006—2010
摩托车催化器评价关键技术与仪器研究	国家863计划	林漫群	2006—2010
发动机机体缸盖冷却流场和温度场耦合优化研究	国家科技重大专项	崔国起	2006—2010
柴油机整机振动噪声评价技术研究	国家科技重大专项	舒歌群	2006—2010
清源电动汽车技术平台主控制器及维护技术	国家863计划	谢　辉	2007—2008
哈尔滨市代用燃料汽车区域化示范运行考核与应用	国家863计划	赵昌普	2007—2008
电控喷射单一燃料重型商用车燃气发动机开发	国家863计划	张惠明	2007—2008
中型客车用CNG发动机研制与开发	国家863计划	张惠明	2007—2008
山西省M100甲醇燃料汽车运行考核与应用技术研究	国家863计划	汪　洋	2007—2008
分层充量压燃机理及燃烧反应动力过程的研究	国家自然科学基金	尧命发	2007—2009
大功率车用柴油机开发	国家863计划	苏万华	2007—2009
利用同步辐射方法研究调和汽油的燃烧机理	国家自然科学基金	宋金瓯	2007—2009
机动车排放污染物控制装置公共检测技术	国家863计划	林漫群	2007—2009
摩托车排放污染控制技术研究	国家863计划	林漫群	2007—2009
非道路点燃式小型发动机排放控制及其排放标准研究	国家科技支撑计划	林漫群	2007—2009
直喷压燃式发动机湍流扩散燃烧火焰浮起长度及相关问题的研究	国家自然科学基金	赵昌普	2007—2009
煤间接液化合成柴油在现代先进柴油机的燃用特性研究	国家863计划	吕　刚	2007—2009
中型载货汽车专用CNG发动机产品研发	国家863计划	裴毅强	2007—2009
重型商用车柴油机开发	国家863计划	尧命发、舒歌群	2007—2009
1.5升轿车直喷汽油机（GDI）开发	国家863计划	舒歌群	2007—2010
重型商用车柴油机技术开发——YC6K发动机的低噪声/低振动研究	国家863计划	舒歌群	2007—2010
先进内燃机燃烧与控制理论中的若干关键问题研究	国家自然科学基金	苏万华	2007—2010
摩托车催化器评价关键技术、仪器与应用技术研究	国家863计划	林漫群	2007—2010
乙醇汽油发动机新型燃料系统研制及尾气后处理系统开发研究	国家科技支撑计划	郑尊清	2007—2010
新型VCR+VVT高效节能内燃机研制	国家863计划	林建生	2007—2010
既有建筑供能系统升级改造关键技术研究	国家科技支撑计划	赵　军	2007—2010
带新型膨胀机的高效CO_2跨临界热泵系统研究与开发	国家863计划	李敏霞	2007—2010
高效传热普及模式地热井下换热器	国家863计划	戴传山	2007—2010
绿色高效托电建筑独立供能新技术及示范	国家863计划	杨　昭	2007—2010
太阳能/蓄热与地源热泵组合供热理论与关键技术	国家863计划	李新国	2007—2010
轿车直喷汽油机（GDI）研究开发	国家863计划	何邦全	2007—2011
低温燃烧新型的汽油机复合燃烧系统及相关基础问题的研究	国家973计划	赵　华	2007—2011
柴油机强化低温燃烧机理及燃烧控制的基础研究	国家973计划	尧命发	2007—2012
柴油喷雾强化混合过程及其对低温燃烧影响的研究	国家973计划	苏万华	2007—2012
节能与新能源汽车车载信息终端研制及数据处理传输技术	国家863计划	谢　辉	2008—2008
EGR与催化耦合技术降低稀燃汽油机NO_x排放研究	国家863计划	李志军	2008—2010
吸附还原催化法同时降低柴油机NO_x和碳烟微粒排放机理研究	国家自然科学基金	李志军	2008—2010
基于缸内废气驱动的虚拟可控排量汽油机燃烧问题基础研究	国家自然科学基金	谢　辉	2008—2010

续表

项目（课题）名称	项目类别	项目负责人	起止时间
新一代轿车用能环保高效内燃机研发	国家863计划	谢　辉	2008—2010
基于热声耦合机理的燃烧室结构优化及燃烧噪声研制	国家自然科学基金	卫海桥	2008—2010
东风低排放天然气专用发动机开发	国家863计划	尧命发	2008—2010
奇瑞新一代甲醇灵活燃烧汽车开发	国家863计划	宋金瓯	2008—2010
水泥窑余热梯级利用技术及装备研究	国家科技支撑计划	李　汛	2008—2010
Research on Control Strategy of HCCI Engine	国家自然科学基金	谢　辉	2009—2010
替代燃料车尾气排放控制技术开发及示范	国家863计划	何邦全	2009—2010
主要用能产品和设备节能标准与能效标识研究	国家科技支撑计划	马一太	2009—2010
智能复合燃烧(ICCS)直喷汽油机开发	国家863计划	胡春明	2009—2010
电控喷射单一燃料LNG汽车产品开发	国家863计划	王天友	2009—2011
高效清洁直喷汽油机关键问题的基础研究	国家自然科学基金	王天友	2009—2011
非稳态条件下柴油机喷雾系统空化效应的产生机理及对喷雾特性的影响研究	国家自然科学基金	杜　青	2009—2011
废气加热甲醇裂解气生成特性及其在发动机上应用	国家自然科学基金	姚春德	2009—2011
航空发动机疲劳寿命预测及故障诊断研究	国家自然科学基金	张俊红	2009—2011
甲醇缸内热废气状态下低温燃烧机理及控制的基础研究	国家自然科学基金	秦　静	2009—2011
具有透气性侧面的微小流道内气液两相流动的研究	国家自然科学基金	王世学	2009—2011
乙醇汽油灵活燃料轿车产品开发	国家863计划	吕　刚	2009—2011
高温热泵工况下自然工质混合物两类相变传热窄点的研究	国家自然科学基金	赵　力	2009—2011
植物性材料微尺度孔隙结构内纳米流动与传质机理	国家自然科学基金	杨俊红	2009—2011
中低温地热发电与供热偶合系统新技术研究	国家863计划	王怀信	2009—2011
摩托车污染排放控制技术	国家863计划	林漫群	2009—2011
大型炼油过程节能理论与关键技术研究	国家973计划	卫海桥	2009—2013
大规模过程系统能量集成优化的新理论和新方法	国家973计划	张于峰	2009—2013
煤合成燃油喷雾与非常规排放研究	国家863计划	吕　刚	2010—2011
四缸柴油机关键技术与产品开发	国家863计划	姚春德	2010—2011
柴油机低温燃烧碳烟生成机理理论研究	国家自然科学基金	尧命发	2010—2012
润滑油对颗粒物生成影响机理的实验研究	国家自然科学基金	梁兴雨	2010—2012
高ECR、水乳化柴油、富氧进气协同作用的高效清洁燃烧机理研究	国家自然科学基金	舒歌群	2010—2012
基于热-机耦合的柴油机活塞敲击噪声研究与控制及活塞系统优化设计	国家自然科学基金	张俊红	2010—2012
汽油机缸内直喷（GDI）燃烧模式微粒生成机理及排放特性研究	国家自然科学基金	裴毅强	2010—2012
质子交换膜燃料电池水管理的研究	国家973计划	尹　燕	2010—2012
N-TiO_2基Zn-卟啉染料敏化太阳能电池光电转化效率研究	国家自然科学基金	谭　欣	2010—2012
柴油机低温燃烧碳烟生成机理基础理论研究	国家自然科学基金	尧命发	2010—2012
低温地热发电亚临界与超临界有机朗肯循环技术的优化与对比评价研究	国家自然科学基金	王怀信	2010—2012
微纳米颗粒相在沉积岩层内的运移机理及其热效应研究	国家自然科学基金	戴传山	2010—2012
先进柴油机技术联合研究	国际科技合作专项	尧命发	2010—2012
异相扰动对CO_2跨临界循环膨胀过程和系统运行影响的机理研究	国家自然科学基金	李敏霞	2010—2012
热泵工况下纳米颗粒与高压含油CO_2相变传递交互作用的机理研究	国家自然科学基金	安青松	2010—2012
小型挖掘机柴油机关键技术与产品开发	国家863计划	高文志	2010—2013
生物柴油低温燃烧数值模拟研究	国际科技合作专项	尧命发	2010—2013
柴油机排放颗粒物微观物理化学特性及其对微粒氧化性能影响机理的基础研究	国家自然科学基金	吕　刚	2011—2013
柴油机燃烧过程中碳烟纳观结构对颗粒氧化、聚并增长影响机理的研究	国家自然科学基金	宋金瓯	2011—2013

续表

项目（课题）名称	项目类别	项目负责人	起止时间
常规工质两相流体快速降压膨胀做功的机理研究	国家自然科学基金	马一太	2011—2013
冷却废气对小型强化直喷汽油机抗爆性及排放特性影响规律的研究	国家自然科学基金	王天友	2011—2013
内燃机热-电混合动力系统复合能量集成理论及管理策略	国家973计划	谢 辉	2011—2013
内燃机余热能梯级转化联合热力循环效率协同优化	国家973计划	舒歌群	2011—2013
热电材料多尺度结构中传热规律及高效热电转换机理	国家973计划	王世学	2011—2013
生物丁醇汽油燃料发动机低温燃烧特性的基础研究	国家自然科学基金	何邦全	2011—2013
种子低温脱水动态过程与生理特性的研究	国家自然科学基金	杨 昭	2011—2013
下一代纯电驱动汽车整车电子控制系统研发	国家863计划	谢 辉	2011—2013
F-T柴油混合燃料对现代柴油机系统耐久性影响的研究	国家863计划	吕 刚	2011—2013
槽式高温集热管实际挂机试验	国家科技支撑计划	赵 力	2011—2014
10 kW级新型燃料电池动力系统集成技术研究	国家973计划	李献国	2012—2013
电动轿车蚌线式增程器研究与开发	国家863计划	姚春德	2012—2013
200 kW级有机朗肯循环太阳能热发电技术	国家863计划	赵 力	2012—2014
DMF-柴油混合燃料低温燃烧基础理论研究	国家自然科学基金	张全长	2012—2014
PEM燃料电池新型电解质膜内水传输及质子传导特性的研究	国家自然科学基金	尹 燕	2012—2014
柴油机缸盖冷却系统过冷沸腾状态下的传热机理研究	国家自然科学基金	谷 芳	2012—2014
电动汽车通用型整车控制技术开发	国家863计划	谢 辉	2012—2014
发动机电子控制系统开发及智能热管理研究	国家863计划	谢 辉	2012—2014
发动机振动噪声控制技术研究	国家863计划	张俊红	2012—2014
干热岩发电及综合评价关键技术研究	国家863计划	汪健生	2012—2014
基于压缩感知的GDI汽油机燃烧火焰三维数字化重构方法研究	国家自然科学基金	庄继晖	2012—2014
宽馏分含氧燃料低温燃烧基础理论研究	国家自然科学基金	郑尊清	2012—2014
基于柴油机均质压燃发动机关键技术攻关及样机研制	国家863计划	尧命发	2012—2014
甲醇柴油双燃料重型柴油机关键技术研究	国家863计划	姚春德	2012—2014
中高级轿车用先进增压直喷汽油机技术研究	国家863计划	裴毅强	2012—2014
柴油机数值模拟与后处理系统匹配	国家863计划	赵昌普	2012—2014
EGR在火花点燃式甲醇发动机中爆震抑制机理的研究	国家自然科学基金	汪 洋	2012—2015
低温室效应工质HFO1234ze及其与R32混合物的换热机理与系统运行特性研究	国家自然科学基金	李敏霞	2012—2015
呋喃类生物质燃料的燃烧化学研究	国家自然科学基金	卫立夏	2012—2015
环境友好型改性分子筛催化剂用于柴油机氮氧化物选择性催化还原反应的基础研究	国家自然科学基金	宋崇林	2012—2015
基于冲击波-火焰相互作用汽油机小型化的爆震机理研究	国家自然科学基金	卫海桥	2012—2015
幂律流体射流破碎机理的研究	国家自然科学基金	杜 青	2012—2015
内燃机爆震对活塞材料破坏机理的研究	国家自然科学基金	姚春德	2012—2015
内燃机燃烧学	国家杰出青年科学基金	尧命发	2012—2015
新一代小排量高效增压直喷汽油机开发	国家863计划	舒歌群	2012—2015
中低温地热并网发电综合技术研究与示范	国家863计划	张 伟	2012—2015
中低温发电热力循环系统关键技术与部件研制	国家863计划	朱家玲	2012—2015
基于拟米勒循环的反应物热力学状态控制的高效清洁燃烧理论研究	国家973计划	苏万华	2013—2014
不同生物燃料与柴油掺混后对低温燃烧过程影响的基础研究	国家自然科学基金	刘海峰	2013—2015
柴油机排气条件下颗粒物与NO/NO_2反应特性及机理的基础研究	国家自然科学基金	宾 峰	2013—2015
多品位大温差余热低火用损梯级转化联合循环的耦合及协同优化研究	国家自然科学基金	田 华	2013—2015

续表

项目（课题）名称	项目类别	项目负责人	起止时间
汽油机SI－HCCI混合燃烧中振荡现象的机理研究	国家自然科学基金	陈　韬	2013—2015
碳质细颗粒物形成与燃烧过程中控制的研究	国家973计划	宋崇林	2013—2015
干热岩人工裂隙渗透特性与多场耦合传热传质机理研究	国家自然科学基金	朱家玲	2013—2016
混合工质组分可调型有机朗肯循环关键科学问题研究	国家自然科学基金	赵　力	2013—2016
基于PM与NO_x协同作用的现代柴油机DPF主被动复合再生及微粒捕集、再生微观理化特性基础理论研究	国家自然科学基金	李志军	2013—2016
碱性阴离子交换膜(AAEM)燃料电池水热管理研究	国家自然科学基金	焦　魁	2013—2016
颗粒/燃料/空气混合气火焰动力学及燃烧反应机理的研究	国家自然科学基金	宋金瓯	2013—2016
冷热温度激化抑制果蔬衰变的机理研究	国家自然科学基金	杨　昭	2013—2016
面向人车路协同的混合动力系统动态控制策略的合作研究	国际科技合作专项	谢　辉	2013—2016
民用航空发动机状态监测与故障诊断基础理论及关键技术研究	国家自然科学基金	张俊红	2013—2016
喷射式动力循环的热力学研究	国家自然科学基金	李新国	2013—2016
直喷汽油机闪急沸腾喷雾雾化机理研究	国家自然科学基金	王天友	2013—2016
纯电驱动动力系统关键部件集成研究与应用开发	国家863计划	谢　辉	2013—2016
新能源汽车用动力电池高性能化的研究	国际科技合作专项	王世学	2013—2016
高稀释预混合气燃烧反应速率与联合热力循环协同控制的基础研究	国家973计划	郑尊清	2013—2017
基于新型热力循环汽油机强化预混合低温燃烧理论及燃烧控制的研究	国家973计划	赵　华	2013—2017
移动源细颗粒物增强过滤协同脱除机理和方法	国家973计划	宋金瓯	2013—2017
直喷式内燃机燃烧过程火用和火用/功转化率最大化的研究	国家自然科学基金重点项目	苏万华	2013—2017
先进发动机燃烧与流动耦合作用机理研讨	国家自然科学基金	尧命发	2014—2014
先进液压自由活塞发动机中燃烧过程关键问题的研究	国家自然科学基金	汪　洋	2014—2014
滨海咸水储层渗透性变化及储热特性研究	国家自然科学基金	刘雪玲	2014—2016
部分填充多孔介质的平板微燃烧器的稳燃特性及耦合传热机理研究	国家自然科学基金	李　君	2014—2016
工程机械动力总成绿色设计评价技术研究	国家863计划	张俊红	2014—2016
基于混合气分层与燃料化学活性控制的内燃机燃烧理论研究	国家自然科学基金国际(地区)合作与交流项目	尧命发	2014—2016
面向人－车－路协同的混合动力公交车能量管理策略研究	国家自然科学基金	严　英	2014—2016
热协流助燃射流火焰中预混和非预混无焰燃烧机理的激光光谱学研究	国家自然科学基金	李　博	2014—2016
微小颗粒在非等温多孔介质界面处的动力学特征研究	国家自然科学基金	雷海燕	2014—2016
与建筑集成的多能源互补供暖系统示范	国家科技支撑计划	李敏霞	2014—2016
HCCI汽油机基于自燃着火燃烧模型的自学习主动抗扰控制的基础研究	国家自然科学基金	谢　辉	2014—2017
柴油机早喷湿壁及颗粒排放物生成机理研究	国家自然科学基金	梁兴雨	2014—2017
中高温烟气余热动力循环优化研究	国家自然科学基金	王怀信	2014—2017
先进燃烧系统开发研究	国家科技支撑计划	裴毅强	2014—2017
甲醇替代柴油的关键基础问题研究	国家自然科学基金重点项目	姚春德	2014—2018
Modelling of Reactive Flows Through Porous Media with Application to Underground Fire Safety	国家自然科学基金	李　君	2015—2015
高稀释条件下微火源引燃低温燃烧机理及稳定性调控的基础研究	国家自然科学基金	谢　辉	2015—2017
内燃机缸内不同空间尺度湍流特性及其对燃烧过程影响的研究	国家自然科学基金	王天友	2015—2017
润滑油对柴油机超细颗粒物影响的试验研究	国家自然科学基金	董立辉	2015—2017

续表

项目（课题）名称	项目类别	项目负责人	起止时间
工程机械减振及整机降噪关键技术研究	国家科技支撑计划	毕凤荣	2015—2017
柴油机燃烧过程中碳烟官能团演化特性及其对微粒氧化影响机理的研究	国家自然科学基金	吕 刚	2015—2018
非共沸工质冷凝过程中的气液分离及气相膨胀压缩特性研究	国家自然科学基金	赵 力	2015—2018
复杂环境下不饱和烯烃制冷剂的燃爆特性与抑制机理的研究	国家自然科学基金	杨 昭	2015—2018
基于燃料自燃特性的小型强化SI发动机早燃机理研究	国家自然科学基金	卫海桥	2015—2018
水滑石基稀燃氮氧化物吸附捕集（LNT）催化剂对柴油机排气氮氧化物的催化反应特性及反应机理的研究	国家自然科学基金	宋崇林	2015—2018
二冲程船用柴油机缸内湍流特性及其对EGR分布影响规律研究	国家自然科学基金	鲁 祯	2015—2018
后喷诱导湍流燃烧场内瞬态碳烟动力学机理的研究	国家自然科学基金	宋金瓯	2015—2019
柴油机燃烧边界条件对排放颗粒质量及颗粒数影响的研究	国家自然科学基金	邬斌扬	2016—2018
火花辅助压缩点火发动机燃烧机理的三维直接数值模拟和实验研究	国家自然科学基金	张 帆	2016—2018
聚甲氧基二甲醚对柴油机低温燃烧机理影响的基础理论研究	国家自然科学基金	王 浒	2016—2018
内燃机近壁面区域湍流燃烧机理研究	国家自然科学基金	刘海峰	2016—2018
受限空间内高强度小尺度湍流与燃烧相互作用机理的多场多组分高时空分辨激光光谱可视化研究	国家自然科学基金	李 博	2016—2018
太阳能热化学吸附碳泵循环基础问题研究	国家自然科学基金	邓帅	2016—2018
自主船用低速柴油机开发验证平台研究及关键技术开发	国家科技支撑计划	王天友	2016—2018
GDI稀燃汽油机EGR-LNT协同降低NO_x排放基础理论及影响因素机理研究	国家自然科学基金	李志军	2016—2019
基于多孔介质内加热小球的混合对流同时测量地下水渗流速度与温度的方法研究	国家自然科学基金	戴传山	2016—2019
基于可控化学反应路径内燃机高效清洁燃烧基础理论研究	国家自然科学基金	尧命发	2016—2019
基于线性涡模型和化学反应计算加速方法的喷雾燃烧的数值模拟研究	国家自然科学基金	周 磊	2016—2019
汽油压燃低温燃烧的基础研究	国家自然科学基金	郑尊清	2016—2019
船用脱硝催化剂小型化研究	国家重点研发计划	梁兴雨	2016—2019
无外增湿电堆关键技术	国家重点研发计划	焦 魁	2016—2019
新型节能环保农用柴油机关键共性技术研究	国家重点研发计划	谢 辉	2016—2019
内燃机气流运动与喷雾	国家杰出青年科学基金	王天友	2016—2020
池沸腾传热过程中微液膜关键作用的研究	国家自然科学基金	陈志豪	2017—2019
电化学热物理	国家优秀青年科学基金	焦 魁	2017—2019
非对称液滴碰撞混合机理及聚合液滴燃烧特性研究	国家自然科学基金	孙 凯	2017—2019
湍流火焰与壁面油膜相互作用机理研究	国家自然科学基金	梁兴雨	2017—2019
垂直地下埋管外漏污染物在周期性冷热边界影响下的迁移机理	国家自然科学基金	雷海燕	2017—2020
二氧化碳驱动的湖泊喷发机理研究	国家自然科学基金	吕心力	2017—2020
非常规条件下液滴撞击壁面现象的微观机理与调控	国家自然科学基金	车志钊	2017—2020
封闭空间内烈性爆震及其破坏机制	国家自然科学基金	姚春德	2017—2020
封闭空间内压力突变-湍流燃烧相互作用机理	国家自然科学基金	卫海桥	2017—2020
基于X射线成像技术的幂律流体射流近场区域破碎机理研究	国家自然科学基金	杜 青	2017—2020
可燃碳氢/阻燃剂非共沸混合工质与中高品位余热回收的多效协同机理	国家自然科学基金	田 华	2017—2020
直喷汽油机中燃油撞壁及其与机油油膜相互作用机理的基础研究	国家自然科学基金	彭志军	2017—2020
超级节能型重型载货汽车混合动力系统开发研究	国家重点研发计划	尧命发	2017—2020
发动机清洁燃烧技术与排放特性研究	国家重点研发计划	张俊红	2017—2020
高原高寒地区动力增效及环境适应性关键技术	国家重点研发计划	刘海峰	2017—2020
混合动力专用柴油机关键技术研究	国家重点研发计划	尧命发	2017—2020

续表

项目（课题）名称	项目类别	项目负责人	起止时间
移动装置内燃机余热回收CO_2动力循环多能流耦合关键问题研究	国家自然科学基金	舒歌群	2017—2021
反式1,3,3,3-四氟丙烯与醚类润滑油互溶特性的研究	国家自然科学基金	杨　昭	2018—2018
0~20 Hz侧倾振动下坐姿人体生物动力学特性研究	国家自然科学基金	林杰威	2018—2020
封闭空间内湍流燃烧过程中碳烟颗粒破碎机理的研究	国家自然科学基金	宋崇林	2018—2020
基于LES-PDF方法的发动机喷雾-湍流-燃烧相互作用机理	国家自然科学基金	周　磊	2018—2020
基于调制辐射消光法的高背压火焰中碳烟含量与温度场同时测量	国家自然科学基金	王潜龙	2018—2020
基于动态润湿模型研究PEM燃料电池液态水的传输特性	国家自然科学基金	秦彦周	2018—2020
双燃料低速船机火焰传播和局部自燃的基础研究	国家自然科学基金	潘家营	2018—2020
提高中载及重载卡车能效关键技术中美联合研究	国家重点研发计划	舒歌群	2018—2020
非均匀热流下槽式集热管内有机工质相变过程中的流动换热特性研究	国家自然科学基金	赵　力	2018—2021
可用于复杂湍流燃烧速度场表征的飞秒激光调控长程丝状放电特性的实验及理论研究	国家自然科学基金	李中山	2018—2021
梯级引燃HCCI燃烧模式的提出和机理研究	国家自然科学基金	汪　洋	2018—2021
微小尺度空间预混过滤燃烧过程中驻定火焰的基本特征和稳定性研究	国家自然科学基金	李　君	2018—2021
针对先进发动机燃烧组织与优化的飞秒激光技术开发与应用	国家自然科学基金	李　博	2018—2021
高性能质子交换膜燃料电池电极内多相传热传质研究	国家自然科学基金	焦　魁	2018—2021
放电增强飞秒激光诱导等离子体光谱技术研究	国家自然科学基金	高　强	2019—2021
柴油机排气颗粒物氧化反应机理的研究	国家自然科学基金	吕　刚	2019—2022
超高热流下泡沫金属纤维表面改性对流动沸腾特性的影响机制	国家自然科学基金	朱　禹	2019—2022
氮氧化物与小烃（基）反应及硝基烃生成机理的研究	国家自然科学基金	宋金瓯	2019—2022
非共沸混合物在不同润湿性表面水平管降膜蒸发的蒸汽压缩制冷系统特性研究	国家自然科学基金	李敏霞	2019—2022
航空发动机燃烧室基体蠕变-疲劳交互作用下的损伤机理与寿命预测	国家自然科学基金	张俊红	2019—2022
基于相变换热的瞬变脉动内燃机废气余热能的高效热电转换	国家自然科学基金	王世学	2019—2022
基于自有微孔聚合物（PIMs）的交联型超微孔阴离子电解质膜的研究	国家自然科学基金	尹　燕	2019—2022
汽油压燃低温燃烧碳烟生成机理基础理论研究	国家自然科学基金	王　浒	2019—2022
热力学碳泵基础问题研究	国家自然科学基金	邓　帅	2019—2022
稀燃湍流预混火焰特征及燃烧模型研究	国家自然科学基金	张　帆	2019—2022
氢燃料电池测试方法与规程研究	国家重点研发计划	王世学	2019—2022
燃料电池热电联供系统优化设计与示范实验	国家重点研发计划	王世学	2019—2022
LNG冷能及燃气余热能高效回收热电发电器的研发	国家重点研发计划	朱　禹	2019—2022
太阳能热驱动CO_2吸附碳捕集共性关键技术研究	国家重点研发计划	邓　帅	2019—2022
单井换热取热运行策略与地面供热系统匹配技术	国家重点研发计划	雷海燕	2019—2022
低成本地热供暖储能耦合技术及运行策略	国家重点研发计划	吕心力	2019—2022
与热储层连通的单井强化换热技术与装备	国家重点研发计划	戴传山	2019—2022
内燃机爆震机理与优化控制	国家杰出青年科学基金	卫海桥	2019—2023
超临界不纯性CO_2物性对热力循环及关键设备性能的影响	国家重点研发计划	安青松	2019—2023
干热岩发电及综合利用技术方案与经济性评价	国家重点研发计划	汪健生	2019—2023
新型发电热力循环构建	国家重点研发计划	吕心力	2019—2023
移动动力装置高效低碳清洁利用的工程热物理问题	国家自然科学基金创新研究群体	尧命发	2019—2024
不同燃料极端条件下的喷雾燃烧机理及燃烧控制方法研究	国家自然科学基金	刘海峰	2020—2022
地热供暖储能材料与装置研发	国家重点研发计划	张　伟	2020—2022

续表

项目（课题）名称	项目类别	项目负责人	起止时间
高动态内燃动力混合热电系统多尺度不确定性控制与能效优化研究	国家自然科学基金	宋　康	2020—2022
光伏光热互补的全光谱制氢机理研究	国家自然科学基金	李文甲	2020—2022
含余热回收的卡车能源系统中多能流耦合机制及人工智能调控研究	国家自然科学基金	王　轩	2020—2022
内燃机部分预混低温燃烧理论与技术研究	国家优秀青年科学基金	刘海峰	2020—2022
船用低速二冲程柴油机碳烟生成机理研究	国家自然科学基金	梁兴雨	2020—2023
基于NO_2分布特性的柴油机集成式后处理系统协同降低颗粒物、氮氧化物排放微观理化特性机理研究	国家自然科学基金	李志军	2020—2023
基于重型发动机燃烧边界条件的火花辅助汽油压燃燃烧机理基础研究	国家自然科学基金	郑尊清	2020—2023
受压状态下燃料电池气体扩散层水-热-质耦合传输机理的研究	国家自然科学基金	杜　青	2020—2023
随机非线性非平稳复杂系统辨识与估计的理论基础	国家重点研发计划	汪　洋	2020—2024
极板-电极一体化质子交换膜燃料电池多场耦合传输机理研究	国家自然科学基金	王天友	2020—2024
新一代低温室效应逆循环工质泄漏燃爆及惰化机制的研究	国家自然科学基金	杨　昭	2020—2024
磁场取向型高效耐久有机-无机复合质子交换膜的制备与研究	国家自然科学基金	刘　鑫	2021—2021
基于异态干涉沸腾的临界热流密度提高新方法	国家自然科学基金	Yoshio Utaka	2021—2022
二氧化碳跨临界制冰机组-直冷冰场设计与优化	国家重点研发计划	田　华	2021—2022
高压燃油喷射中卷吸控制混合过程的基础理论研究	国家自然科学基金	岳宗宇	2021—2023
内燃机余热回收热力循环	国家优秀青年科学基金	田　华	2021—2023
高海拔复杂燃烧边界条件下高强化柴油机爆震形成机理及调控	国家自然科学基金	潘家营	2021—2024
基于自驱动液滴弹跳的芯片热点冷却热质传输机理与调控	国家自然科学基金	孙　凯	2021—2024
汽油机环境下高压纳秒脉冲点火模式影响汽油混合气稀燃极限的基础研究	国家自然科学基金	何邦全	2021—2024
新能源汽车轮毂电机高集成化冷却技术研究	国家重点研发计划	陈志豪	2021—2024
掺氢天然气燃料重整与SOFC热电联供系统的能流匹配及管控	国家重点研发计划	王世学	2021—2025
拖拉机混合动力技术研究及系统开发	国家重点研发计划	林杰威	2021—2026
高效节能农用柴油机高效燃烧技术与瞬态控制策略研究	国家重点研发计划	邬斌扬	2021—2026
提高中载及重载卡车能效关键技术中美联合研究	重点研发国际合作	舒歌群	2022—2023
基于中德合作的燃料电池汽车测试评价技术	国家重点研发计划	尹　燕	2022—2025
氢-电转换用催化剂载体及其催化剂技术合作研发	国家重点研发计划	张俊锋	2022—2025
基于多尺度模型与人工智能结合的车载燃料电池“白箱化”研究	国家自然科学基金	焦　魁	2022—2025
活化热氛围缸内直喷氨燃料电热塞辅助压燃高效清洁燃烧基础理论研究	国家自然科学基金	尧命发	2022—2026
引入弹惯性湍流动力学的黏弹性流体减阻湍流模型研究	国家自然科学基金	张文华	2023—2025
三维温度梯度下含冷却孔热障涂层多裂纹演变行为研究	国家自然科学基金	戴胡伟	2023—2025
二维热电材料中低温温差发电热力循环基础问题研究	国家自然科学基金	聂显铧	2023—2025
太阳能分布式利用的集热型免充电热再生电化学液流循环系统	国家自然科学基金	王伟光	2023—2025
新型有序超低铂催化层传质及其对电化学性能影响的关键机制研究	国家自然科学基金	樊林浩	2023—2025
氨气预燃室内燃机高效稳定燃烧基础研究	国家自然科学基金	唐青龙	2023—2025
基于多孔介质内热流耦合的地下井网取热结构优化研究	国家自然科学基金	马　非	2023—2025
低温直接氨燃料电池热质传输机制与水热管理调控研究	国家自然科学基金	王博文	2023—2025
内燃机宽工况燃烧机理与调控	优秀青年科学基金项目	潘家营	2023—2025
氨氢融合零碳多源混动系统基础研究	国家自然科学基金	卫海桥	2023—2025
应用于 SOFC 余热回收的 SiGe 热电材料制备与热电系统构建	国家重点研发计划	卫海桥	2023—2025
氨氢燃料燃烧污染物生成机制与调控研究	国家自然科学基金	刘海峰	2023—2025
全域高精度车用燃料电池发动机空气系统全栈解决方案关键技术及应用研究	国家重点研发计划	秦彦周	2023—2025

续表

项目（课题）名称	项目类别	项目负责人	起止时间
燃料电池水热管理	国家杰出青年科学基金	焦 魁	2023—2027
质子交换膜燃料电池膜电极多孔结构内的过冷水移动与结冰机理的研究	国家自然科学基金	王世学	2023—2026
地下煤火引起的地表气穴“呼吸循环”现象的机理研究	国家自然科学基金	李 君	2023—2026
新型椭圆转子发动机缸内流场、油气混合及燃烧相互耦合作用机理研究	国家自然科学基金	裴毅强	2023—2026
射流引燃甲醇喷雾稀扩散燃烧机理基础研究	国家自然科学基金	王 浒	2023—2026
可用于元素一维在线测量的时空可控放电等离子体光谱实验与理论研究	国家自然科学基金	高 强	2023—2026
面向超声速流场/燃烧场的飞秒激光分子标记测速技术的研究	叶企孙联合基金	李 博	2023—2026
质子交换膜燃料电池电堆单元伏安性能设计仿真软件研发	国家重点研发计划	焦 魁	2023—2026
中英-环境-先进碳中和发动机技术联合实验室	国家重点研发计划	刘海峰	2023—2026
船舶柴油机高强化燃烧机理及控制方法研究	国家重点研发计划	刘海峰	2023—2026
典型船舶超低排放控制系统样机实船示范	国家重点研发计划	卫海桥	2023—2027
高功率密度柴油机燃油相变机理与多场协同燃烧强化	国家自然科学基金	王天友	2023—2027
风光独立可再生能源系统氢-电储能机理及系统鲁棒性强化研究	国家自然科学基金	刘海峰	2023—2027
掺氨碳氢火焰中碳烟含氮特性演化历程及其碳烟生长抑制机制研究	国家自然科学基金	刘浩业	2023—2027
沸腾噪声产生与传播的微观机制及沸腾状态的声识别研究	国家自然科学基金	李凤臣	2025—2028
可逆质子交换膜燃料电池多孔层气水传输过程及其构效关系研究	国家自然科学基金	刘 智	2025—2028
新一代环境友好型短链烯烃工质与醚类润滑油的溶解及相分离机理研究	国家自然科学基金	杨 昭	2025—2028
多轴宽频激励下坐姿人体振动特性、时频掩蔽效应与主动干预研究	国家自然科学基金	林杰威	2025—2028
二氧化碳跨临界循环理论与方法	国家杰出青年科学基金	田 华	2025—2028

历任领导

内燃机教研室主任

史绍熙（1953—1954）

刘友钧（1954—1966）

武善谋（1972—1976）

刘友钧（1977—1984）

万世雄（代主任）

程熙（1984—1996）

郝志勇（1996—1997）

热工教研室主任

范正钊（1953—1958）

吕灿仁（1958—1978）

方承超（1978—1983）

章熙民（1983—1990）

王中铮（1990—1997）

动力机械工程系主任

史绍熙（1959—1979）

热物理工程系主任

史绍熙（1979—1983）

热能工程系主任

林大渊（1983—1988）

许斯都（1988—1993）

马一太（1993—1997）

热能与制冷工程系主任

李惟毅（1997—2002）

汽车工程系主任

舒歌群（1997—2002）

热能与动力工程系主任

（2012年改称为能源与动力工程系）

李惟毅（2002—2009）

谢辉（2009—2018）

卫海桥（2018—2019）

梁兴雨（2019—）

内燃机燃烧学国家重点实验室主任

史绍熙（1989—1996）

孙志远（1996—1998）

苏万华（1998—2004）

舒歌群（2004—2009）

尧命发（2009—2021）

金东寒（2021—）

历任内燃机研究所所长

史绍熙（1958—1988）

饶寿人（1988—1992）

李德宽（1992—1999）

白景升（1999—2003）

刘宁（2003—2008）

刘欣（2008—2018）

祖炳锋（2018—）

历任内燃机研究所党委书记

由路林（1964—1966）

赵名闻（1966—1976）

赵建武（1976—1984）

王珍玺（1984—1992）

文世骐（1992—1999）

曹宝玺（1999—2005）

吴振勇（2005—2010）

孙月海（2010—2019）

杨志永（2019—）

动力工程及工程热物理学科责任教授

舒歌群（2002—2006）

尧命发（2006—2009）

谢辉（2009—2018）

卫海桥（2018—2019）

梁兴雨（2019—）

历届能源与动力工程专业国家级实验教学示范中心主任

舒歌群（2015—2019）

王天友（2019—）

历届中低温热能教育部重点实验室主任

赵军（2015—2019）

赵力（2019—）

致谢

本书的编写得到众多兄弟院系的支持与帮助，天津大学宣传部、档案馆、校友总会、机械工程学院、自动化学院、出版社等单位为本书提供了详尽的历史资料和丰富的照片，并给出了许多编写意见，在此向这些单位致以深切谢意。